やさしい物理

なぜ赤信号は世界中で「止まれ」なのか？

彩図社

まえがき

私は大学で物理を学び、それから今まで、多くの高校生に物理を教えてきました。その経験の中で、「物理って何だか難しそう」「数式ばかり出てきて、意味が分からない」というような声をたくさん聞いてきました。

たしかに、物理を正しく理解するのは簡単ではないかもしれません。でも、「物理なんて自分と関係ない」「物理好きの専門家が研究していればいいんだ」といって遠ざけてしまうのも、勿体ない気がします。

というのは、実は物理というのは身近なところにたくさん潜んでいるからです。私たちの日常生活は物理の影響を多大に受け、恩恵も受けて成り立っています。そんなことを少しだけでも理解したら、今までとはものの見方が変わるかもしれません。

以上のようなことを思いながら、私は日々物理教師をしています。そして、高校生の皆さんに身のまわりの何気ない現象と物理を結び付けて理解してもらえるよう、雑学的なことをたくさん話してきました。なるべく難しい数式を使わずに理解できる話題を提供することで、物理に対する抵抗感をいくらか和らげてもらえたのではないかと思っています。

この本では、今まで高校生の皆さんに物理を楽しんでもらうきっかけになったのではないかという話題をまとめてみました。ですので、「物理は苦手」「物理なんて興味ない」という方にこそ、この本を読んでいただければと切望しています。

きっと、物理に対するイメージが変わり、身のまわりの現象に対する見方が変わるのではないかと思います。

もくじ

1章 ものの動きには不思議がいっぱい

2章 見えない力があらゆるところで働いている

3章 温度は意外と奥深い

4章　「見える」と「聞こえる」は波が支配している

5章　この世には電気と磁気があふれている

6章　電磁力が生活を便利にする

第1章
ものの動きには不思議がいっぱい

ものの動き No.1

溺れたときには上流・下流、どっちの浮き輪を目指せばいい？

左図のように、川に流されてしまったAさんを助けるために2つの浮き輪が投げ込まれました。

しかし、1つはAさんよりも上流に、もう1つはAさんよりも下流に行ってしまいました。Aさんから浮き輪までの距離はどちらも同じだったとします。

あなたがAさんだったら、少しでも早く助かるために、どちらの浮き輪へ向かって泳ぎますか？

答えは、「どちらへ向かって泳いでも同じ」です。

おそらく、「自分に向かって流れてくるのは上流の浮き輪だから、そちらへ向かった

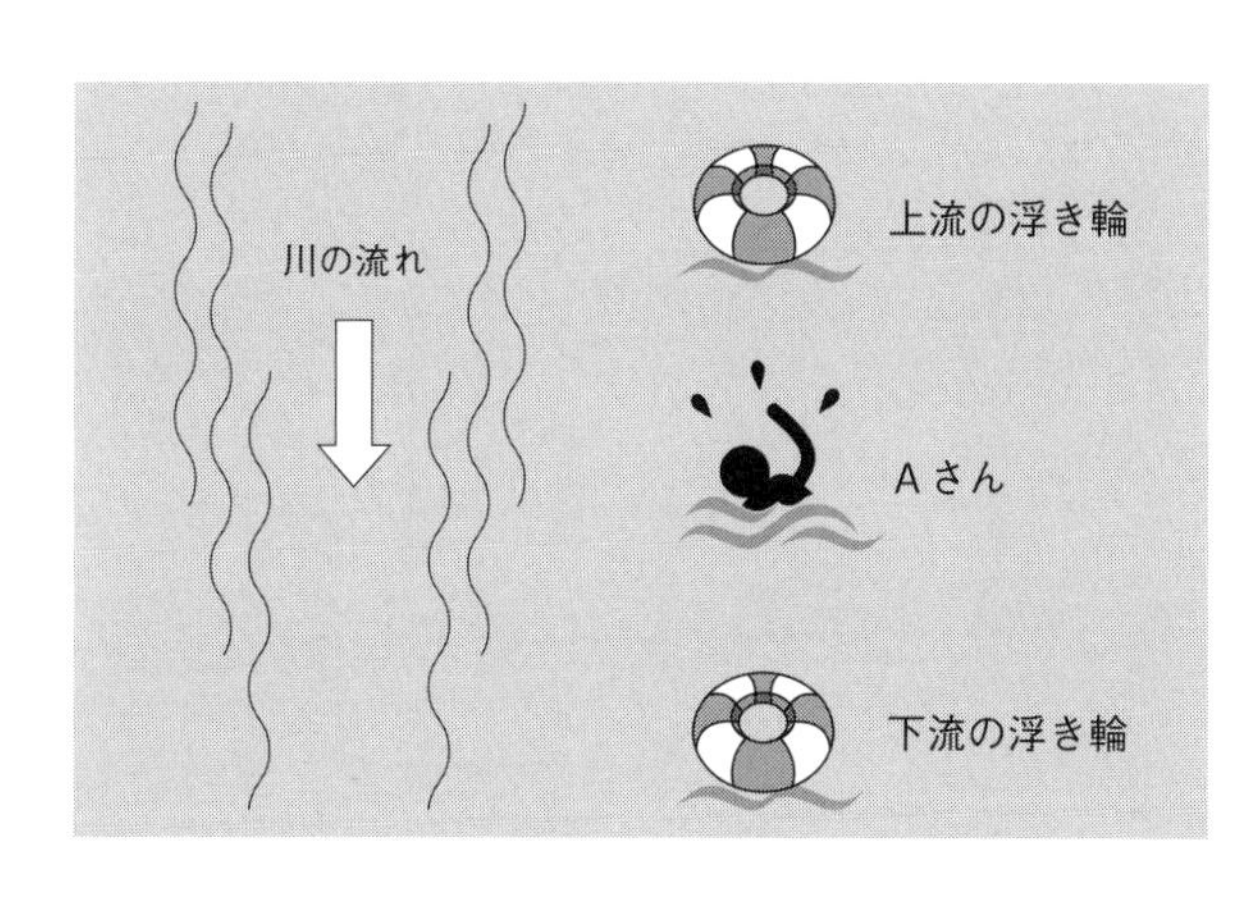

方がよい」と考えた人が多いのではないでしょうか？

でも、Aさんから浮き輪までの距離がどちらも同じなら、どちらの浮き輪に向かって泳いでも、たどり着くのにかかる時間は同じになります。それは、**川によって流される速度はAさんも2つの浮き輪も同じ**だからです。

Aさんが自分の力で泳がなかったとしたら、Aさんと２つの浮き輪との距離は一定に保たれたままです。つまり、Aさんが浮き輪へたどり着くまでの時間を考える上では、どんな急流であろうと流れのないプールであろうと、まったく同じになるのです。

だから、Aさんはどちらの浮き輪へ向かって泳いでも、距離が同じなら同時にたどり着きます。

もちろん、Aさんから2つの浮き輪までの距離が違えば、たどり着くまでの時間も違ってきます。川の流れのない状態で考えれば、近くにある浮き輪へ向かう方が早くたどり着けることが分かりますね。

もしもAさんのような状況になったら、上流にあるか下流にあるかに関係なく、少しでも近くにある浮き輪へ向かって泳ぐ方が助かる可能性が高まるのです。

ものの動き No.2

最速と最短、どちらを選ぶかでボートのこぎ方は変わる

あなたはいま、ボートをこいで川を渡ろうとしています。

次の①②のような状況になったとき、それぞれどのようにボートをこいだらよいでしょう?

①急いでいて少しでも早く対岸までたどり着きたい場合

②川の中にあるかもしれない障害物にぶつかる確率が最小となるよう、最短経路を通りたい場合

それぞれ、次ページの図を参考に考えてみてください。

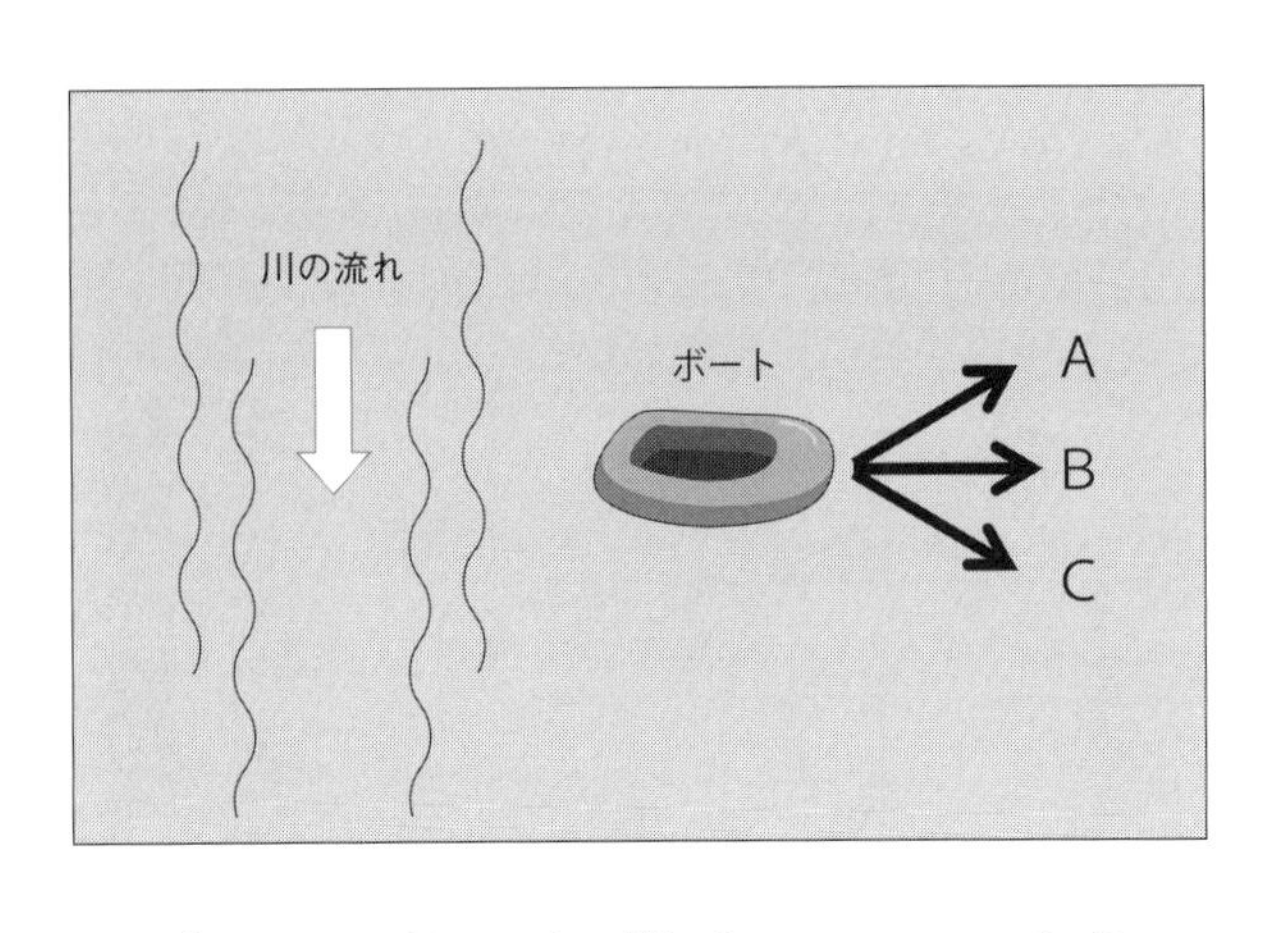

①の場合はBの向き、②の場合はAの向きにこぐのが正解となります。あなたの考えと合っていましたか?

まず①について説明します。

ポイントは、川は岸に対して平行に流れているので、**ボートがどれだけ川に流されようが対岸へたどり着くまでの時間にはまったく関係ない**、という点です。

つまり、時間のことを考えるときは川の流れがまったくない状態と同じように考えればよいのです。

ということは、Bの向きにこげば最短時間で到着できるのが分かりますね。

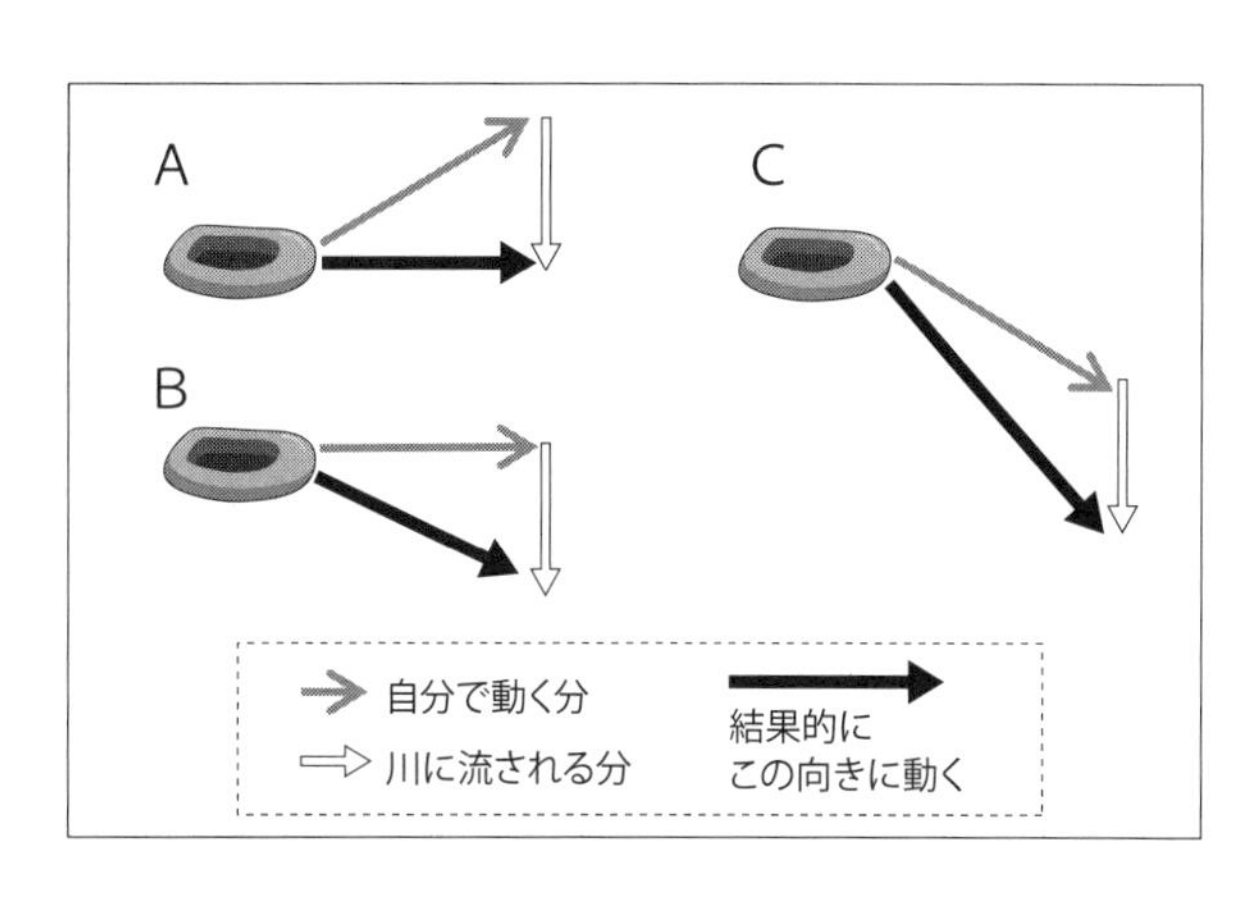

次に②です。

今度は、ボートが実際にどのように動いていくのかを考える必要があります。ボートは上図のように、**「自分で動く速度」と「川に流される速度」が足し合わされて動いていきます。**

最短距離で進めるのは、岸に対して垂直に進むときです。よって、Aの向きにこげば最短距離でたどり着くことになるのです。

最短時間を目指すのか、最短距離を目指すのか、目的によって最適なこぎ方も変わることが分かります。

急いでいるときや危険があるときほど、冷静な判断が大切なのですね。

ものの動き No.3

アメリカ旅行のとき、風は味方になってくれる？

飛行機で日本とアメリカを往復するときは、帰りの方が行きよりも長くかかります。具体的には、行きは10時間、帰りは12時間くらいです。

これは、西から東へ向かって吹く**偏西風**が、行きは追い風、帰りは逆風となるからです。もしも偏西風がなかったら、行きは追い風がなくなるため余計に時間がかかりますが、帰りは逆風がなくなるので早く到着できます。

では、往復のトータルでかかる時間は、偏西風があるときとないとき、どちらの方が短く済むでしょう？

答えは、「偏西風が吹いていないときの方が短時間で往復できる」です。

さらに、「偏西風が速ければ速いほど往復にかかる時間は長くなる」ということも言

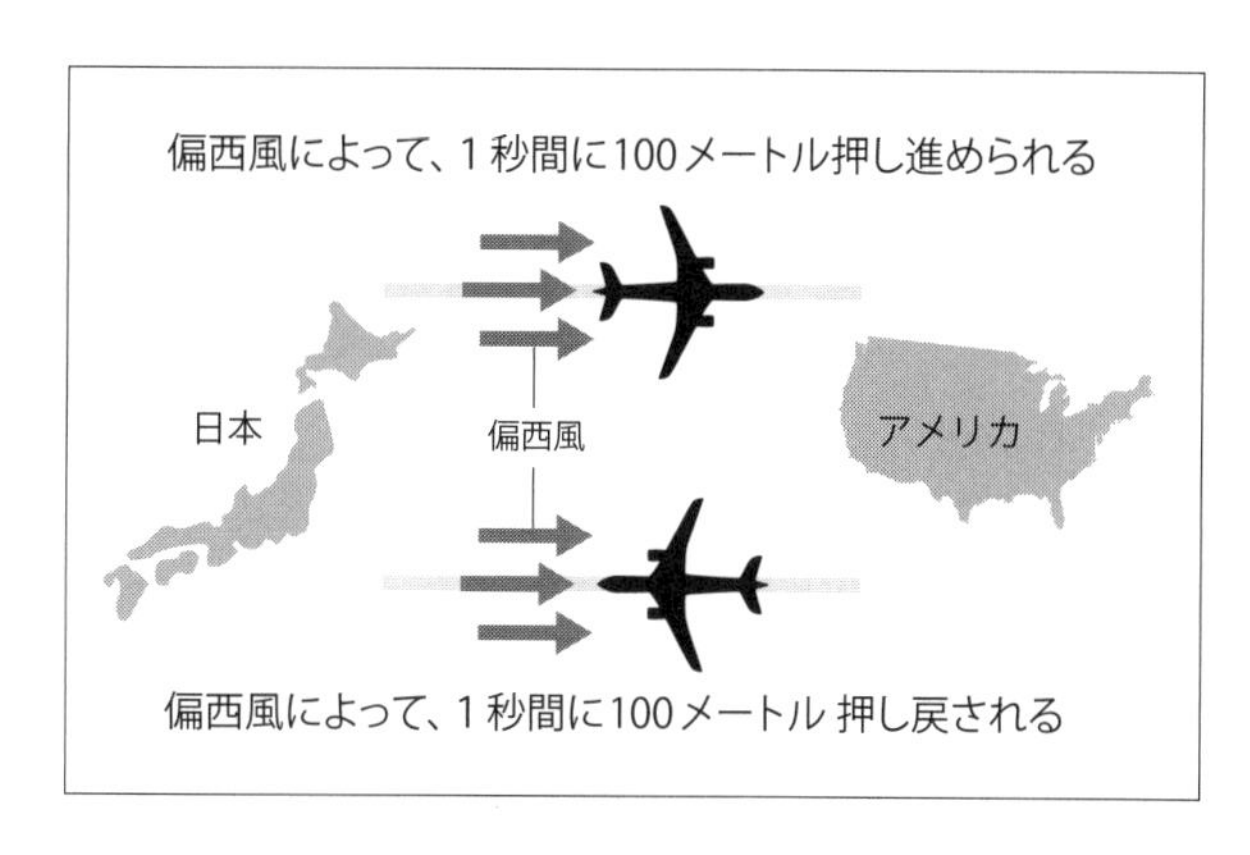

えます。

なぜそのようになるのか、状況をシンプルにして考えてみましょう。

偏西風の速さは、飛行機が飛行する高度約10～12キロメートルでは、最大で秒速１００メートルくらいです。

この場合、上図のように、偏西風によって１秒間に動かされる距離は、追い風のときも逆風のときも同じです。

しかし、追い風を受けている時間より逆風を受けている時間の方が長くなります。その結果、追い風で押し進められる距離より逆風で押し戻される距離の方が長くなるのです。

飛行機は**［押し戻される距離－押し進められ**

る距離」の分だけ余計に自分の力で進まなければならなくなるので、飛行時間が長くなるのです。

さらに、偏西風の速度が増すほど「押し戻される距離−押し進められる距離」も大きくなるため、トータルでの飛行時間は長くなることになります。

偏西風の速度は、季節や天候によって変化します。もしも偏西風が強くなれば、フライト時間が予定以上に長くなってしまうかもしれません。そんなことも想定して、余裕を持って行動するのがよいかもしれません。

ものの動き No.4

やり投げ選手がやりを上に向かって投げるのはなぜ？

　何かを遠くへ投げたいと思ったとき、まず考えるのは少しでも勢いよく投げようということですよね。でも、同じような勢いでも投げる角度が違えば飛距離は変わります。どのようにすればより遠くへ投げられるかというと、**投げる角度を45度にしたときが、もっとも遠くへ飛ばすことができます。**

　投げる向きの角度が小さすぎると滞空時間が短くなって遠くへ飛ばず、角度が大きすぎると、滞空時間は長くなるけれども上へ行くばかりでやはり飛距離が伸びない、ということはイメージできると思います。

　そして、バランスをとっていくと、45度に投げ上げるときが最適となる、というわけです。

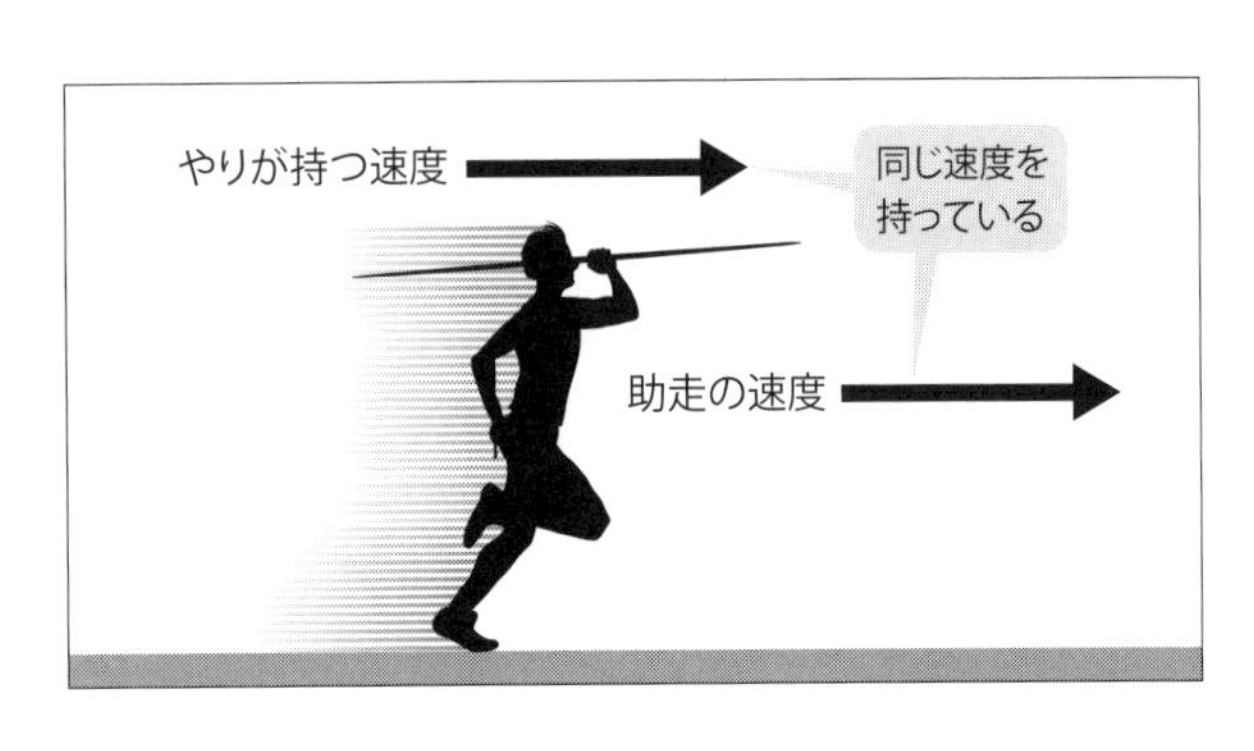

例えば、砲丸投げで一定の速さで投げるときは、45度で投げるともっとも有効に力が使えます。しかし、やり投げをするときには、この角度ではあまり遠くへ飛びません。遠くへ飛ばすには、45度よりも上向きに投げる必要があります。

なぜでしょう？

理由は、助走の速度にあります。

砲丸投げでは助走はありませんが、やり投げは助走してから投げます。そして、**助走している段階ですでにやりは助走と同じ速度を持っている**のです。

やりを投げるときには、これに速度を追加することになります。結果的に45度の方向に向けば、やりの飛距離は最大になりますので、投げるときにやりに与える向きを45度より上向きにしているのです。

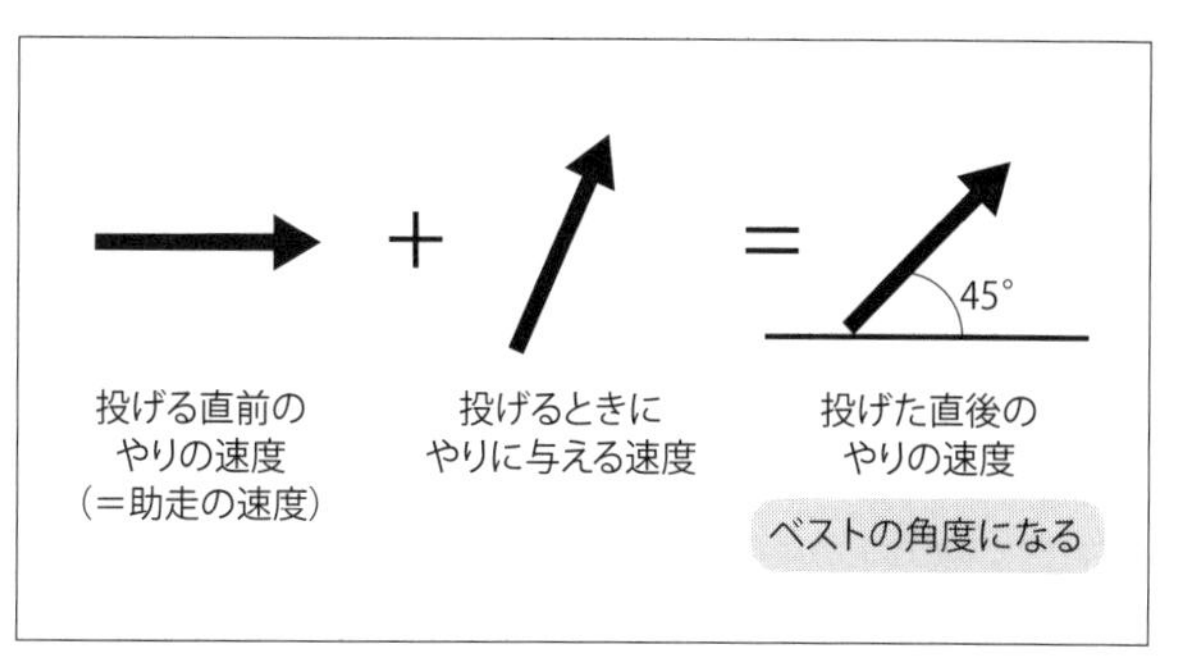

このことは、他のいろいろなスポーツにも応用できます。

野球の遠投では、助走をつける場合はより上方に投げた方が遠くへ飛びます。しかし、助走をつけないならあまり上に投げすぎず、45度くらいの方向へ投げるのがよいでしょう。

ゴルフも助走はありませんので、打ち上げ角度を45度くらいにすると飛距離が出そうです。

実際には風や空気抵抗などの影響もありますので、そう単純ではありませんが、このようなことを知っているだけで、少しだけでもよい記録が出せるようになるかもしれませんね。

ものの動き No.5

落下速度は場所によって違う

物体が落下するときには、重力によって加速します。

重力によって生じる加速度のことを**「重力加速度」**といいます。つまり、落下する速度は1秒間に約9・8メートル毎秒ずつ速くなっていくということです。

1秒間で1メートル進むのが1メートル毎秒という速さですから、落下するときには1秒間で進む距離が1秒あたり9・8メートルずつ増えていくということです。

しかし、この値は地球上の測定する位置によってわずかに変化します。

重力加速度がもっとも大きくなるのは北極点と南極点です。そこから緯度が小さくなるにしたがって重力加速度も小さくなり、緯度が最小の赤道上でもっとも小さくなります。北極、南極では毎秒約9・83メートル、赤道上では毎秒約9・78メートルです。

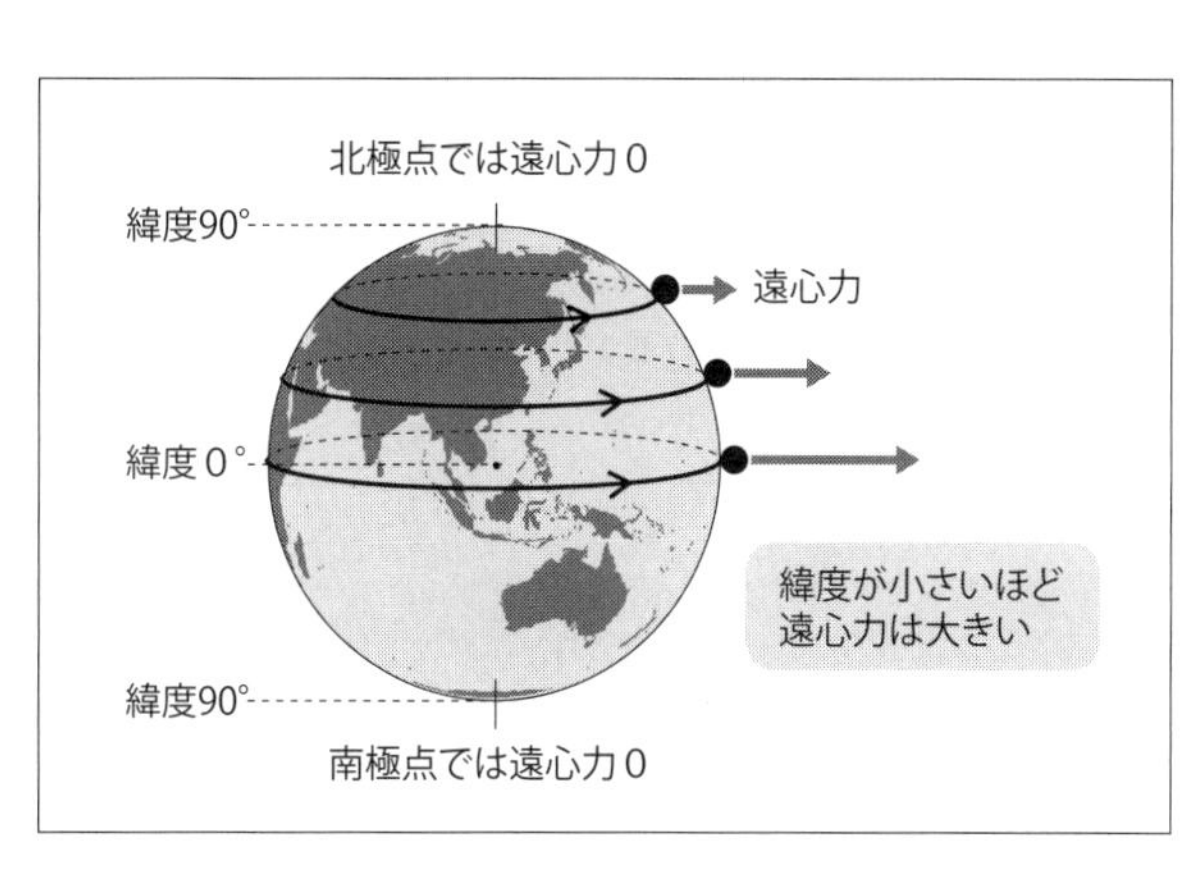

このように緯度によって重力加速度が変わるのはなぜでしょうか？

理由は**遠心力**にあります。

地球は自転しているので、地球上の物体には遠心力が働きます。そして、上図のように、遠心力は低緯度ほど大きくなります。赤道に近いほど大きな円軌道で回転するので、遠心力が大きくなるのです。

地球から働く引力のことを「重力」というのだと思っている人は多いと思いますが、じつは重力とはそれだけのことをいうのではありません。

重力とは、「地球からの万有引力＋遠心力」

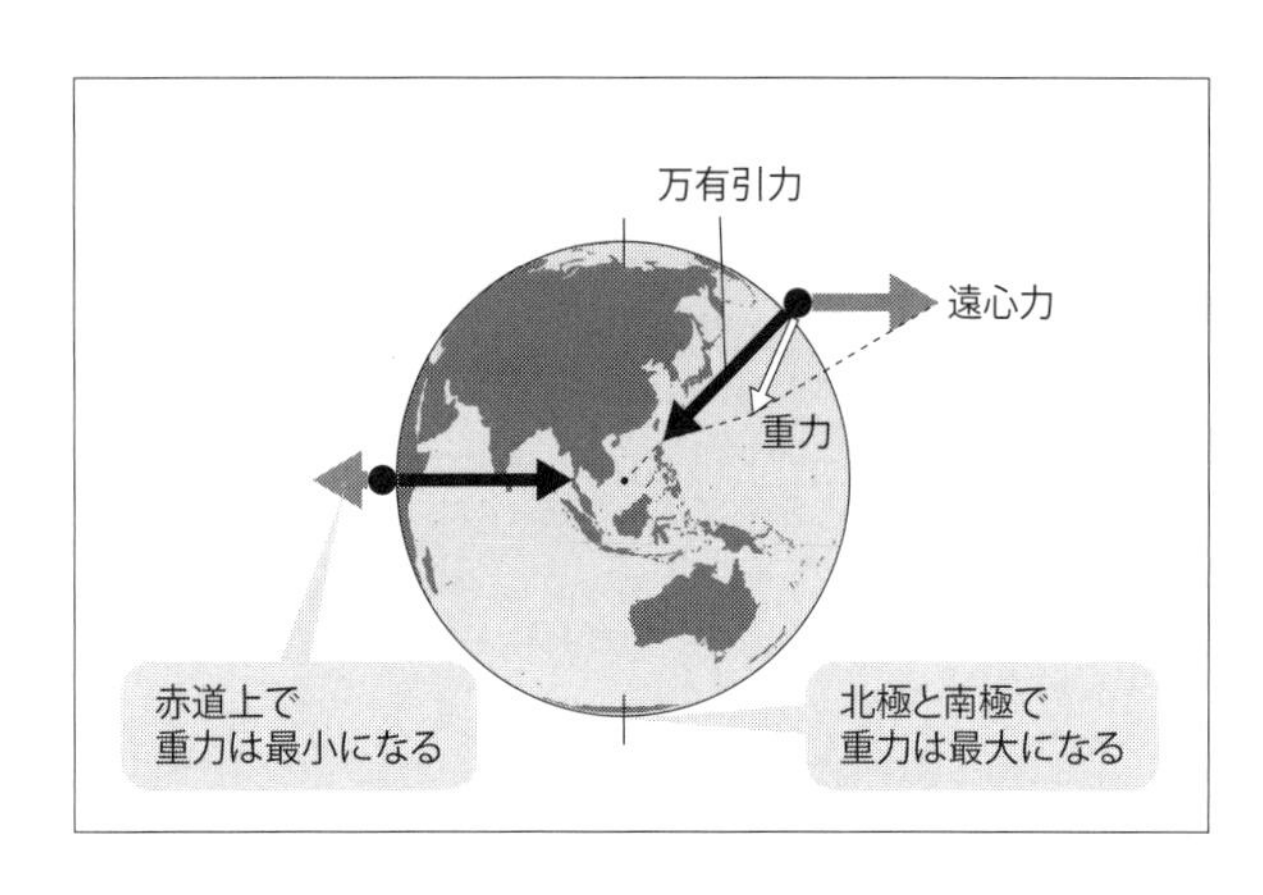

のことなのです。

地球からの万有引力は地球上のどこでも同じです。しかし、**遠心力が変わるために重力も変わる**のです。

赤道上では万有引力が遠心力によってもっとも弱められるため、重力は最小となります。一方、北極点や南極点は回転しないので遠心力が0で、重力は最大となります。

このことは体重測定の結果にも影響します。体重測定が気になる方は、赤道上で行うのがよいかもしれませんね。

ただし、遠心力の大きさは最大となる赤道上でも万有引力の約290分の1なので、影響はほんのわずかですが……。

ものの動き No.6

落下速度が重さに無関係なのはなぜ？

「重いものが落ちるときには、軽いものよりもグングン加速していく」という方が、「軽いものも重いものも同じ加速度で落下していく」というよりも感覚的に受け入れやすくありませんか？

現実に、例えば1枚の紙と厚い本を同時に落下させたら、厚い本の方が先に落下しますよね。このような例を通して「重いものほど速く落下する」という感覚が生まれてくるのでしょうが、じつはこれは誤解です。**物体は重さに関係なく同じ加速度で落下していく**という方が正しいのです。

その証拠に、本と紙を別々に落下させるのでなく本の上に紙を重ねてから落としてみてください。一緒に落下していくのが分かるはずです。**落下速度の違いは空気抵抗の影響による違い**なのです。

この事実を初めて実験で確かめたのは、ガリレオ・ガリレイです。

高さ55メートルのピサの斜塔のてっぺんから小さな鉄球と大きな鉄球を同時に落下させたところ、2つの着地音が同時に聞こえました。

この結果から、重力加速度は重さに関係なく等しいことをガリレオが発表したのが、1604年です。ということは、それまで人類は重いものほどグングン加速すると考えていたのです。

人類の長い歴史の中では、重力加速度は重さに関係なく等しいという、現在では教科書に当たり前のように書かれていることを知らなかった期間の方が圧倒的に長いのです！

だから、私たちが重いものほど速く落下するという感覚を持つのは、ある意味当然なのかもしれません。

重力加速度は重さに関係なく等しいことを、実物を使わず頭の中の実験（思考実験といいます）で確認する方法があるので紹介します。

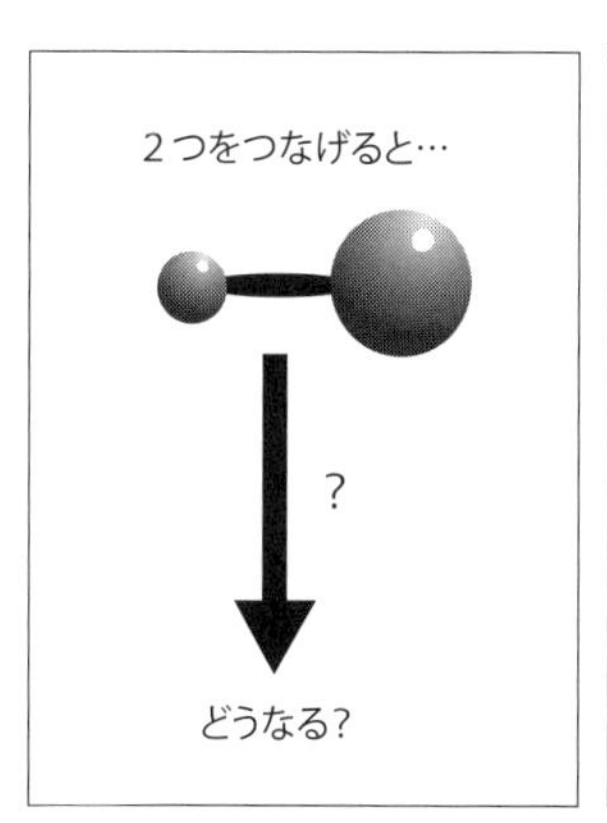

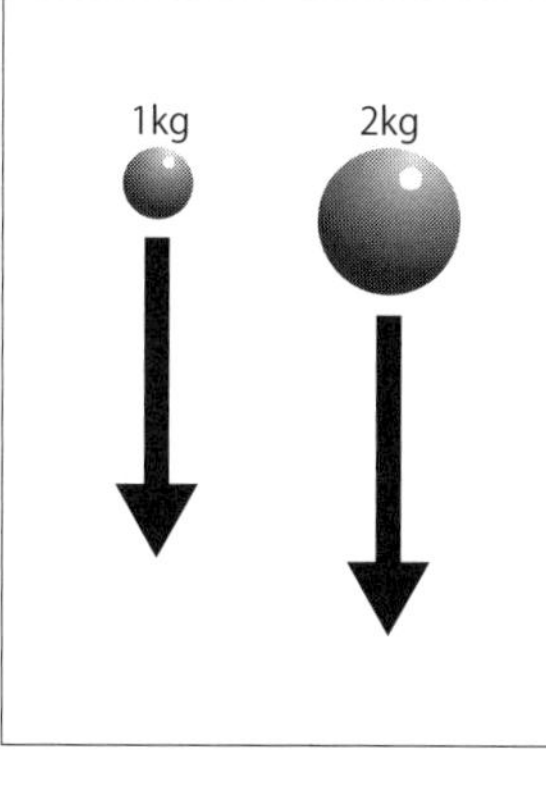

　上図のように、１キログラムの物体と２キログラムの物体があります。このとき、仮に２キログラムの物体の方が大きい加速度で落下するとします。

　では、この２つをつなげて落下させたらどうなりますか？

　１キログラムと２キログラムの組み合わせなので、その中間の加速度で落下するはずです。でもよく考えてみると、１キログラムと２キログラムをつなげたということは３キログラムの物体になったということですので、より大きな加速度で落下するはずでもあるのです。

　このように、２つの矛盾した結論が出てしまいます。なぜでしょう？

それは、「2キログラムの物体の方が大きい加速度で落下する」という仮定が間違いだからです。この仮定が正しかったら、矛盾した結論が出るはずがありません。

これを「1キログラムでも2キログラムでも同じ加速度で落下する」という仮定に変えれば、当然「2つをつなげても同じ加速度で落下する」というひとつの結論が導き出され、何の矛盾も生じません。だから、こちらが正しい仮定ということになるのです。

道具をまったく使わずにできる思考実験だけでも、自然法則は理解できてしまうんですね。

ものの動き No.7

綱引きに必要なのは力強さと重さ、どっち？

同じタイヤのついた2台の車A・Bが、同じ道路上にあります。Aの方が重いのですが、馬力はBの方があります。

この2台が綱引きをしたら、あなたはどちらが勝つと思いますか？

ここでのポイントは**摩擦力**です。

車が綱を引っ張ると、その反作用で車も綱から引っ張られます。それなのにその場でとどまっていられるのは、道路から摩擦力を受けるからです。

綱から引かれる力と同じ大きさの摩擦力が生じている間は、車は動きません。しかし、摩擦力が限界を迎え、それを超える大きさで引っ張られたら、車は耐え切れずに相手側に動き出してしまいます。

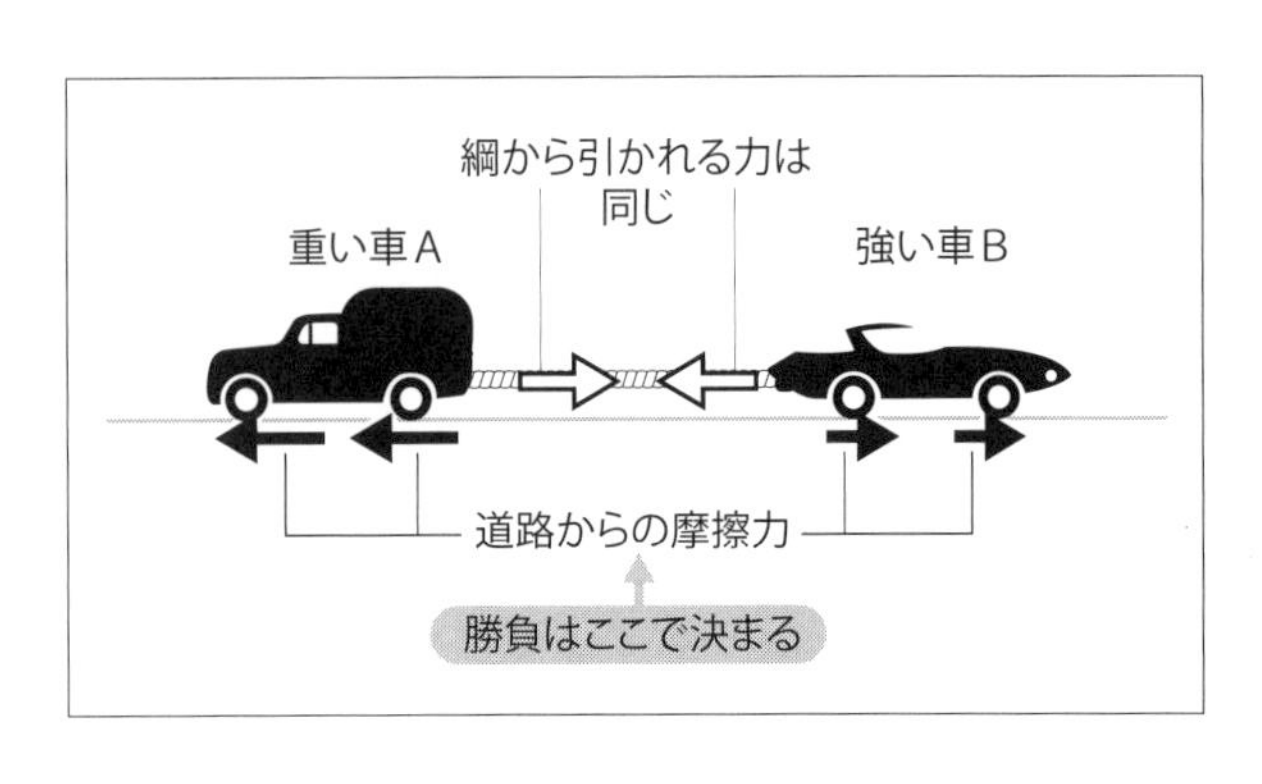

ここで、AとBは同じ綱で引っ張られているので、綱から引かれる力の大きさは共通です。ということは、**勝負は摩擦力の限界値で決まる**ことが分かります。

摩擦力の限界値は、道路との密着の度合いに比例して大きくなります。車はAの方が重いので、道路との密着の度合いはAの方がBよりも大きくなります。だから、摩擦力の限界値もAの方が大きいのです。

というわけで、Bの方が先に耐えきれずに動き出してしまい、「Aの勝ち」が答えとなります。馬力で負けていても、重量が大きければ綱引きで勝つことができるのです。

運動会の綱引きで味方につけるべきは、力強さよりも体重の大きい人ということですね。

ものの動き No.8

氷の上では歩くことができない

あなたは、摩擦の一切ないツルツルの氷の上に置き去りにされました。果たしてあなたは、その位置から移動することができるでしょうか？

答えの前にまず、「歩く」ということについて考えてみたいと思います。人は歩けば移動できますが、それは歩くことで移動したい方向に力を受けられるからです。

その力とは、**摩擦力**です。摩擦があるから、人は歩くことで移動できるのです。

これは、自動車などでも同じです。自動車が道路の上を移動できるのは、タイヤが回転することで道路から摩擦力を受けるからです。タイヤが回転するだけで移動できるわけではないのです。その証拠に、自動車は凍結した路面上ではスリップして動けませ

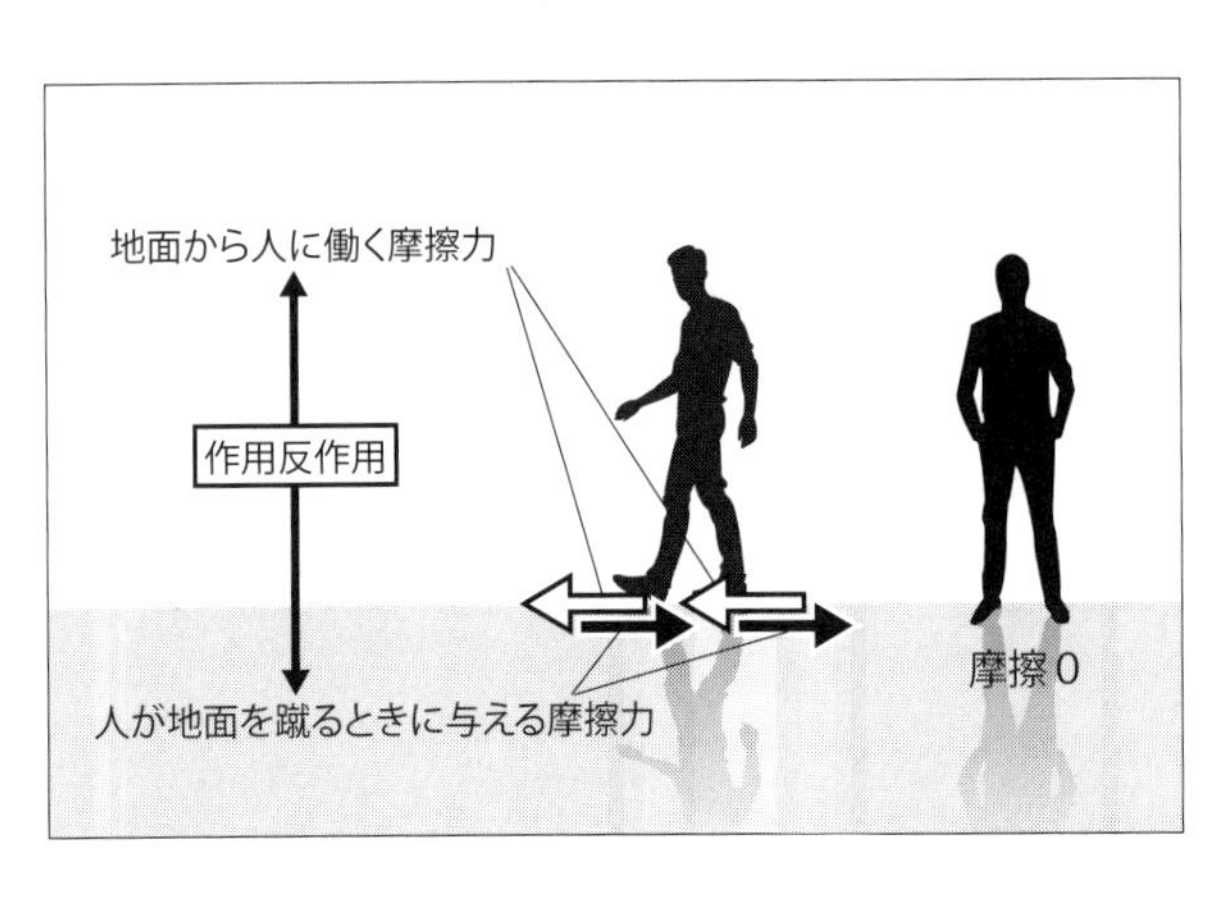

ん。**摩擦があるからこそ物や人が移動できるのです**。

このことを踏まえて、「摩擦のない氷の上で移動できるか？」という問いを考えてみます。

当然、摩擦力によって移動することはできません。つまり、「歩く」ことはできないのです。では、移動する手段はまったくないのでしょうか。

そんなことはありません。摩擦なしでも移動する方法があります。それは、何でもいいから身につけている物を投げることです。

物を投げるには、物に力を与える必要があります。すると、人はその**反作用**を受けることになるのです。これを「作用反作用の法則」とい

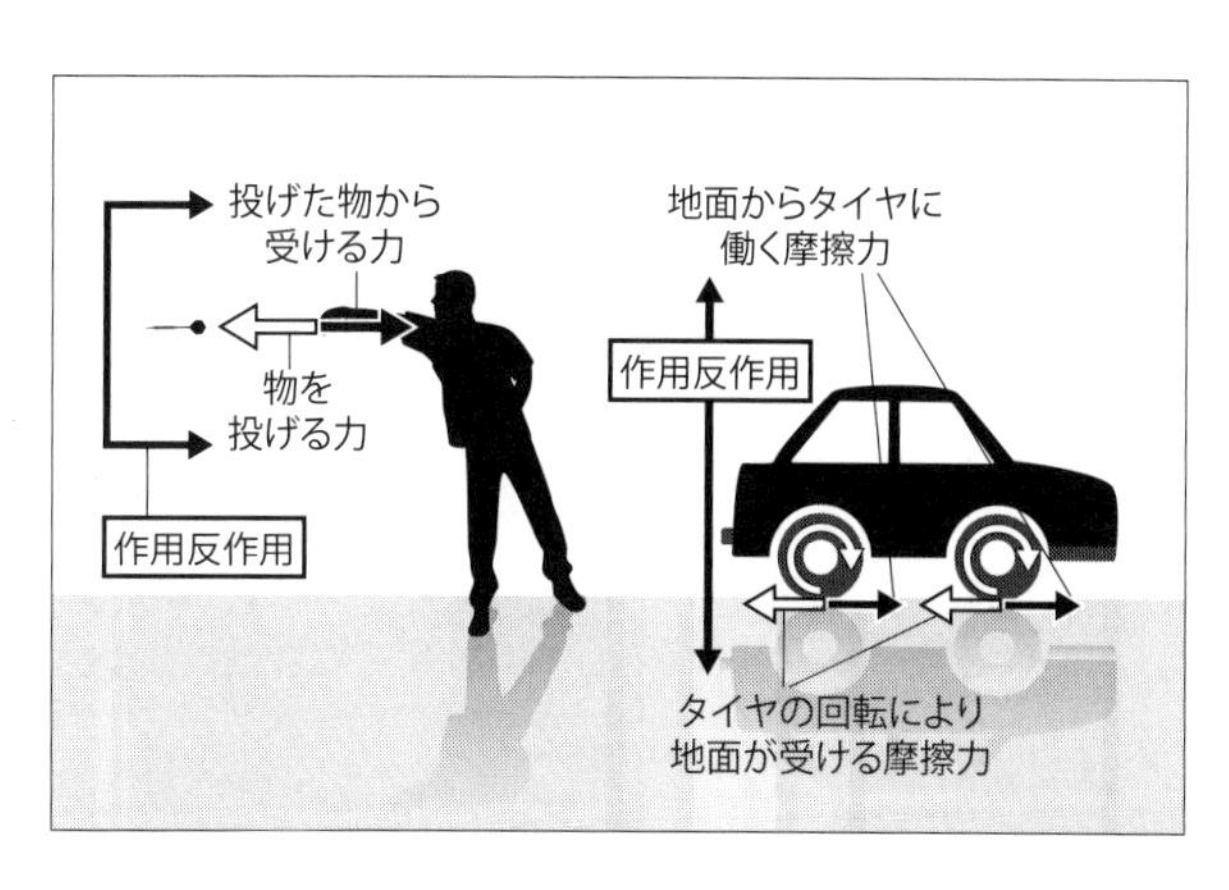

います。

　摩擦が0なら、わずかな力でも移動することができます。投げた物から受ける反作用は、人を移動させるのに充分な力となるのです。

　もし投げられる物がなければ、大きく息を吸って、勢いよく吐き出すだけでも、同じように反作用を受けられるので移動できます。実際、飛行機やロケットはこの方法で移動しています。

　身につけている物を投げて移動するという手段は、ボートのオールを落として身動きできなくなってしまったときにも使えますね。もちろん、これは最終手段ですが。

屋根の上に置かれたバケツに水がたまったら滑り落ちていく？

上図のように、屋根の斜面上にバケツが置いてあります。

バケツは最初空だったのですが、雨が降り出したため徐々に水がたまっていきました。

このまま放っておいたら、バケツはどうなるでしょう？

屋根を滑り落ちていくでしょうか、それともその場にとどまりつづけるでしょうか？

答えは「その場にとどまりつづける」です。

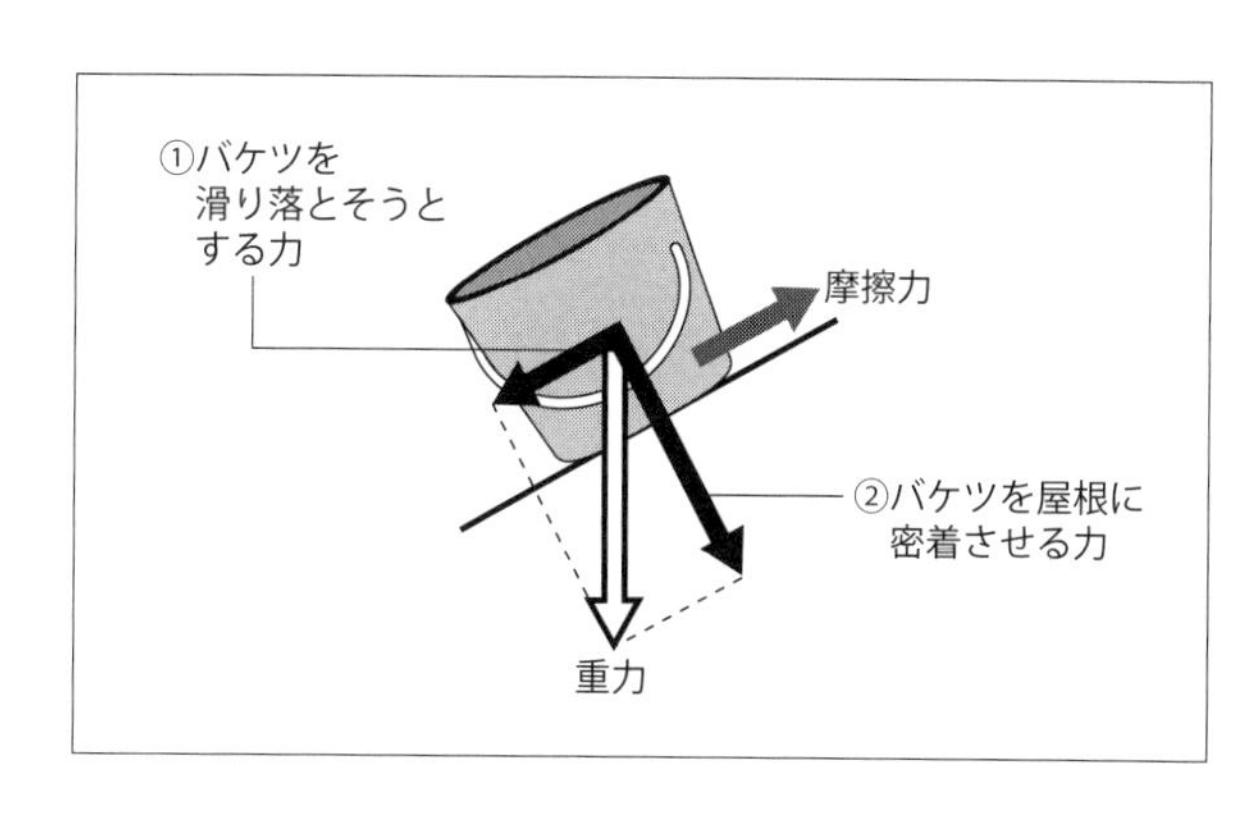

上図で説明すると、次のようになります。

バケツと中の水に働く重力は、上図の①②の2つに分解できます。

①の力はバケツを滑り落とそうとし、②の力はバケツを屋根に密着させる働きをします。そして、バケツの中の水が増えて重力が大きくなると、①、②ともに大きくなっていきます。

①が大きくなるのでバケツは滑っていってしまいそうですが、それを阻止するのが**摩擦力**です。

摩擦力は、**バケツが屋根に密着しているほど大きくなります**。つまり、②が大きいほど摩擦力は大きくなるのです。

バケツの中の水が増えて重力が大きくなると①が大きくなるため滑り落ちようとする勢いが増しますが、②も大きくなるので摩擦力も大きくなり滑り落ちが阻止される、というわけです。

結局、バケツは屋根の上にとどまりつづけるのです。

バケツが滑り出すかどうかは、屋根の傾きと、バケツと屋根の間の滑りにくさだけで決まります。**バケツの重さとその中の水の量は一切関係ありません**。

というわけで、雨が降ってもバケツが落ちる心配はなさそうです。ただし、バケツと屋根の間に水が入り込んで滑りやすくなれば、滑ってしまうかもしれませんので要注意です。

ものの動き No.10

地球の自転は少しずつ遅くなっている

現在の１日の長さは24時間。24時間かけて、地球は１回自転しています。でも、大昔は違いました。ずっと昔は、地球は24時間より短い時間で１回転していました。つまり、**現在より自転速度が大きかった**のです。

地球の自転は徐々に減速しています。そのペースは、１００年たつと１日の長さが１０００分の１秒延びるという程度です。だから、人が一生の中で「昔に比べて１日が長くなったなぁ」などと実感することはないのですが、長いスケールでは大きな変化となります。

１日の長さが現在よりも１秒短かったのが、約12万年前。10億年ほど昔だと、１日の長さは数時間も短かったのです。地球ができたおよそ46億年前では、１日の長さはわ

ずか5時間ほどでした。現在の5分の1ほどです。ということは、1年間の日数は現在の5倍弱で、1700〜1800日もあったことになります。

地球の自転が減速する原因は、**潮の満ち引きによって生じる摩擦**です。

海には、満潮と干潮とが生じます。月からの万有引力によって海水が引き寄せられたところが満潮、その反対が干潮です。ちなみに、月に引き寄せられる逆側でも海水が盛り上がるのは、遠心力などの影響です。

前述の通り、現在の地球は、約24時間で1回自転します。一方、月は約30日間かけて地球の周りを一周します。この**タイミングのずれ**に

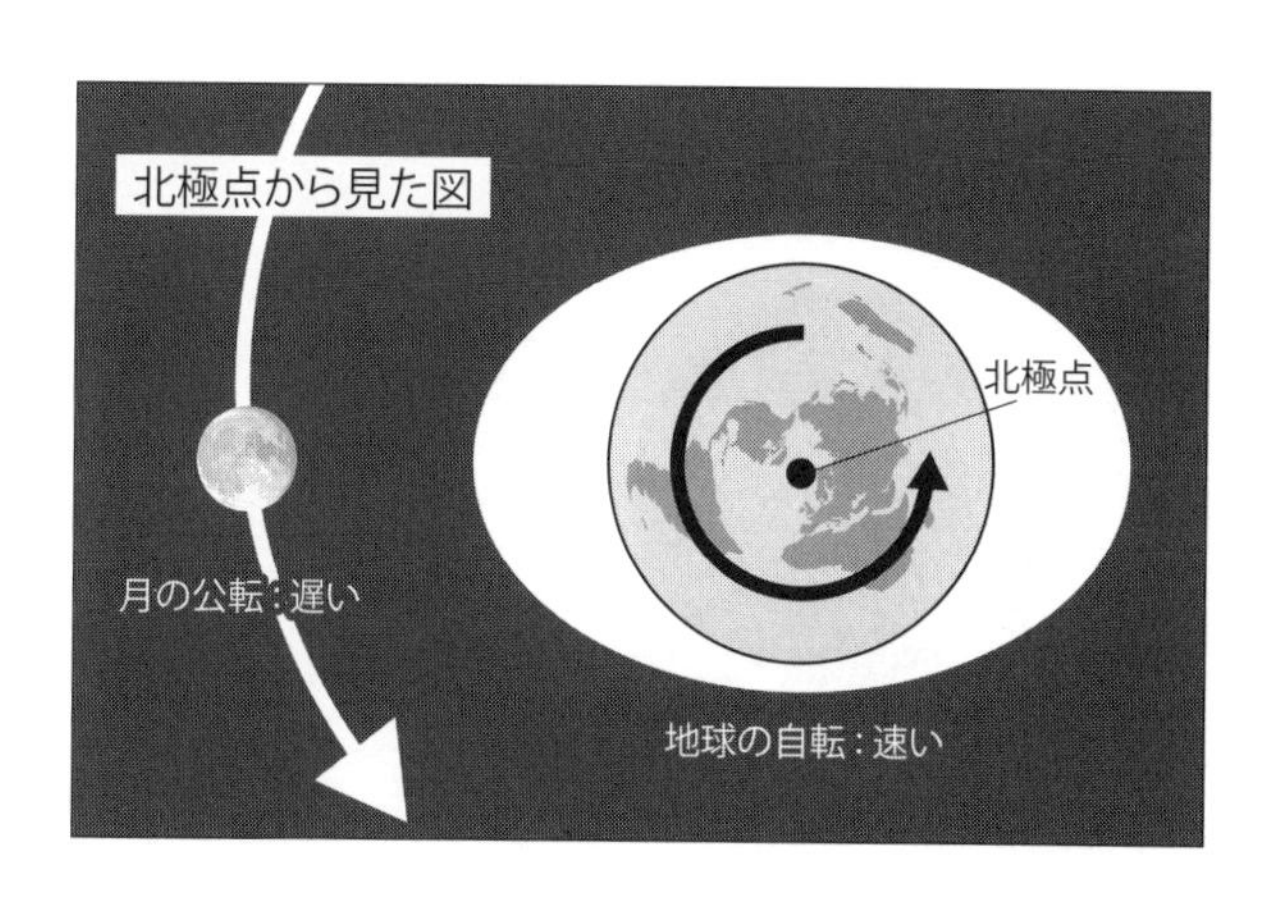

よって、地球上で潮の満ち引きが起こるのです。
そして、潮の満ち引きによって海水が地球上で移動する際、海底との間で摩擦が生じます。これは地球の自転を妨げる向きに働くので、地球の自転が徐々に遅くなるのです。摩擦力おそるべしです。

なお、他にも、地球上に隕石が落下することで地球の質量が大きくなり、回転しにくくなることなども、地球の自転が減速する原因となっています。
もしも大昔に生まれていたら、短い1日を過ごさなければならず大忙しでしたね。

ものの動き No.11

孔子の教えを伝えるアイテム「孔子の壷」

孔子の壷

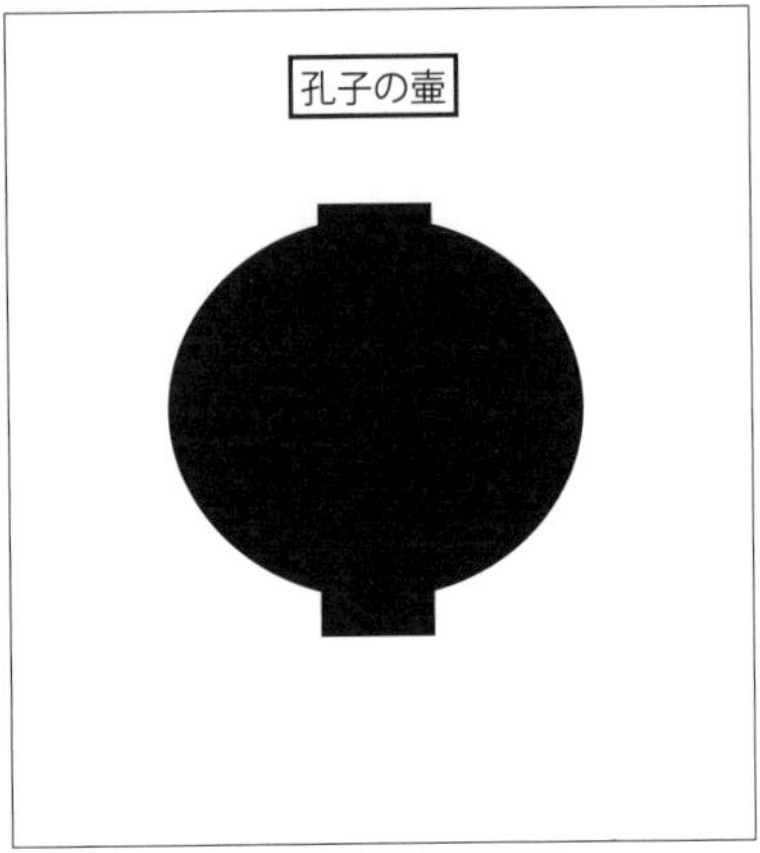

「孔子の壺」というのを聞いたことがあるでしょうか?

上図のように一見普通の壺なのですが、空のまま置こうとすると、倒れてしまいます。また満杯に水を入れても、やはり倒れてしまいます。

しかし、水を入れる量を半分くらいにすると、壺が倒れなくなるのです。

孔子はこの壺を見せながら、「中庸」の大切さを説きました。知識がまったくなくて

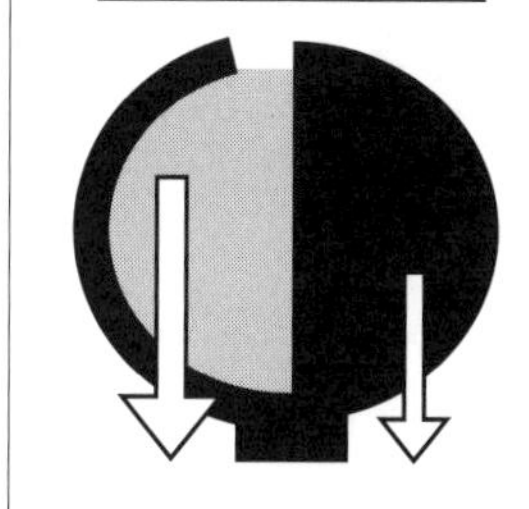

左側の方が重く、
反時計回りに回転してしまう
（水の密度は木の密度より
大きいため）

右側の方が重く、
時計回りに回転してしまう

は悲しいが、知識ばかりの頭でっかちでもうまくいかない。何事も中庸、つまりほどほどがよいのだ、ということです。

　さてこの不思議な壺、中はどのような構造になっていたのでしょう？

　答えは、上図の通りです。

図の黒い部分は木製です。つまり、右半分には木が詰まっていて、左半分だけが空間になっているのです。

　だから、水をまったく入れなくても水を満杯に入れても、図のように**「力のモーメント」**（力が物体を回転させようとする働き）がつりあわないために倒れてしまうのです。

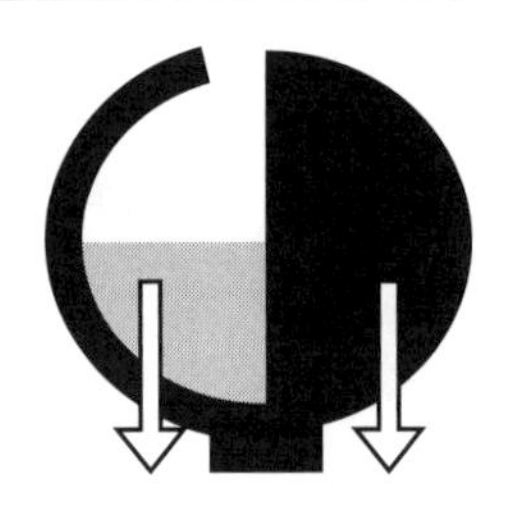

時計回りのモーメントと
反時計回りのモーメントが
つりあえば、
壺は倒れない

しかし、ほどよい量の水を入れて力のモーメントがつりあうようにすれば倒れない、というわけです。

言葉だけで中庸の大切さを説かれるより、これを見せられる方が妙に納得してしまいませんか?

孔子は、力のモーメントを巧みに操るマジシャンだったのですね。

ものの動き No.12

腕を曲げて走るのには理由がある

人は、歩くときにはほとんど腕を曲げませんが、走るときには腕を曲げます。腕は伸ばしていた方がラクなのに、なぜわざわざ腕を曲げて走るのでしょう?

物理的には、**「物体の回転させにくさ」**というものが関係しています。

物体には、回転させやすいものと回転させにくいものとがあります。例として、農作業で使う鍬(くわ)で考えてみます。普通は、次ページの図のB側、つまり持ち手の方を持って使用します。このとき、Bを支点として鍬を回転させるのは、なかなか大変です。しかし、金属部分であるA側の近くを持って鍬を回転させるのは、比較的簡単です。

どうしてこのような違いが生じるのでしょう?

それは、**回転の支点**と金属の部分との距離にあります。物体を回転させやすいか、回

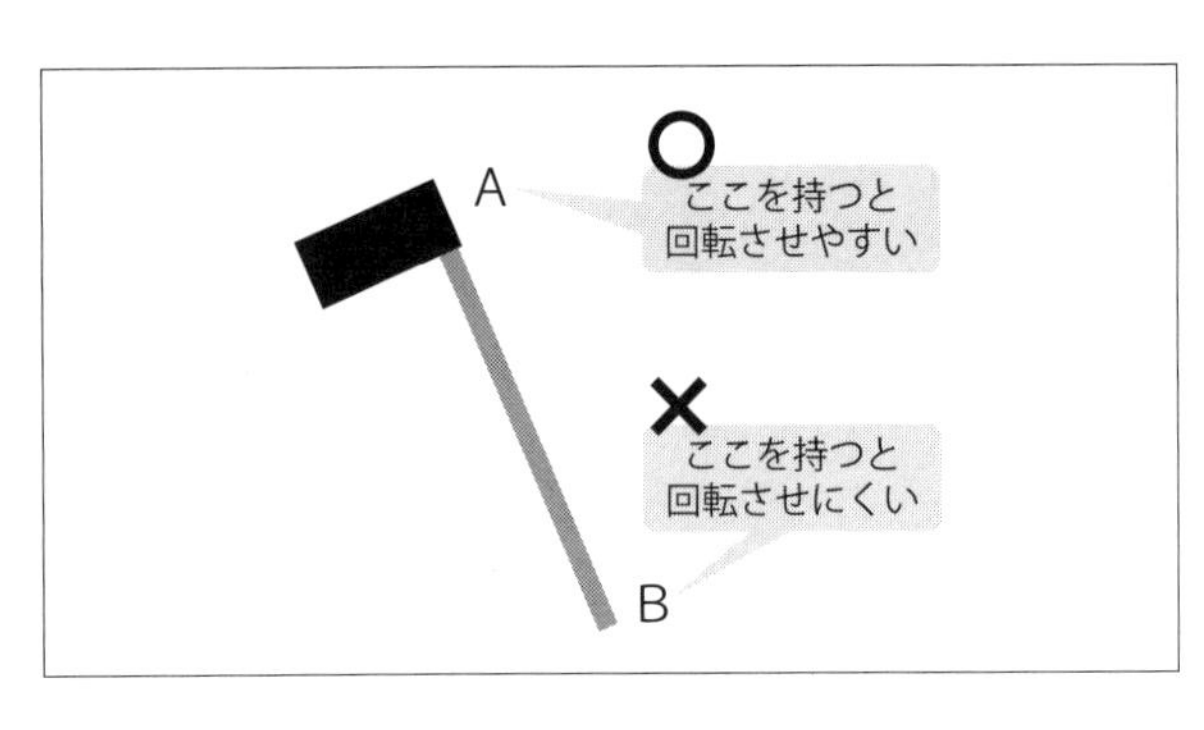

転させにくいかは、ひとつはその物体の質量によって変わります。当然、質量が小さいものの方が回転させやすくなります。

しかし、同じ質量のものであっても、回転軸から遠いところに質量が分布しているほど、回転させにくくなります。

このように、**物体の回転させにくさは「質量」と「回転軸からの距離」によって決まるのです。**

このようなことが分かると、走るときに腕を曲げている理由も分かってきます。腕を曲げると、回転軸である肩からの距離は小さくなります。そのため、腕を回転させやすくなるのです。

このことは、例えば野球のバットは短く持った方が回しやすいことからも理解できます。

ものの動き No.13

ゆで卵を回すと勝手に起き上がる

机の上で、ゆで卵を寝かせた状態で高速回転させてみてください。すると、次ページの図のように、ゆで卵は起き上がって回転するようになります！

ここにも、前項で説明した物体の「回転させにくさ」が関係しています。ゆで卵が寝ているときは、全体的に**回転軸からの距離**が大きくなります。これは、回転しにくい状態です。逆に、起き上がれば、回転軸からの距離が小さくなるので回転しやすい状態になります。

つまり、ゆで卵はみずから「回転しにくい状態」から「回転しやすい状態」へと姿勢を変えるわけです。

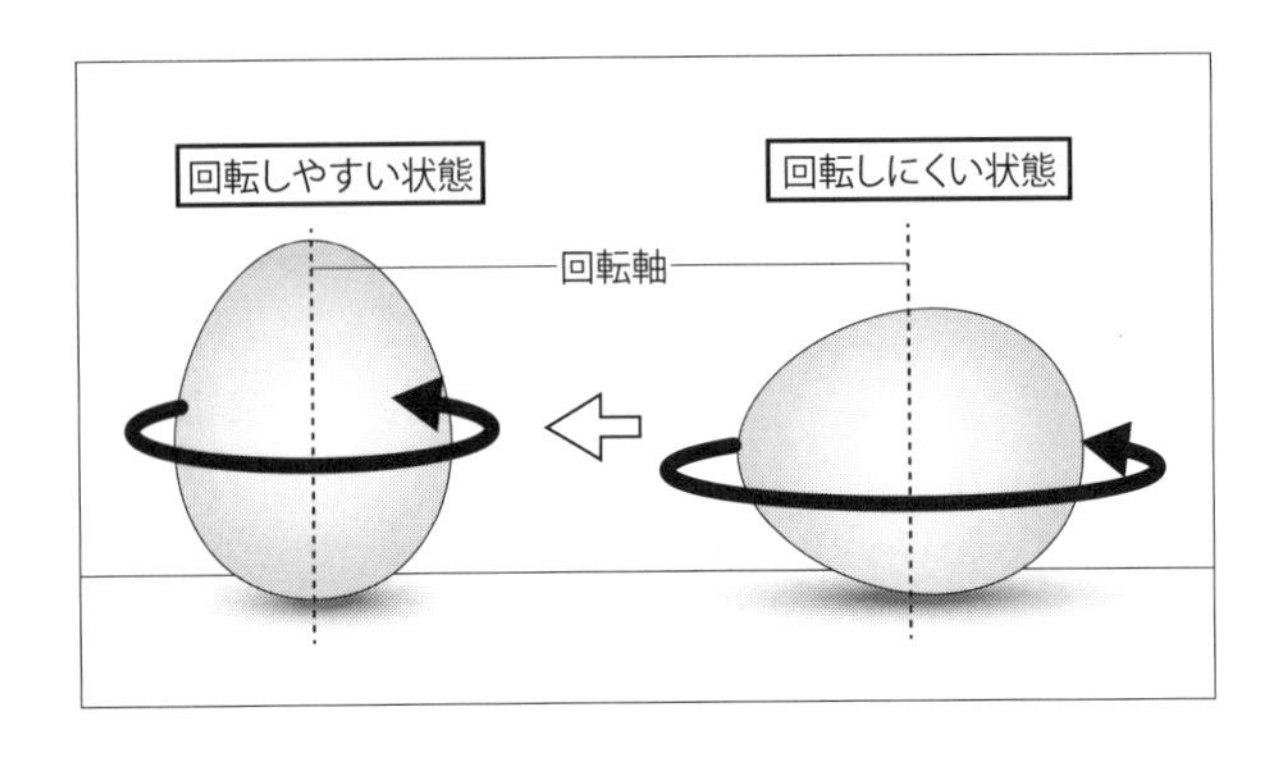

フィギュアスケートでも、スピンするときに腕を体幹に近づけるだけで自然と回転速度がアップします。

不思議な感じがしますが、これも腕を伸ばした「回転しにくい状態」から「回転しやすい状態」に変わったからだと理解できるのですね。

ものの動き No.14

セロテープと電池、速く転がり落ちるのはどっち？

電池とセロハンテープを斜面で転がしました。

どちらの方が速く転がり落ちていくでしょう？


電池もセロハンテープも回転しながら下っていきます。物体は、回転することでエネルギーを持つようになるので、転げ落ちるにしたがって**「回転エネルギー」**が増えていくことになります。では、そのエネルギー源は何でしょう？

それは、物体が高い位置から低い位置へ移動することによって減少する**「重力の位置エネルギー」**です。重力のエネルギーが、物体の回転エネルギーへと変化していくのです。

でもじつは、重力のエネルギーは回転エネルギーだけに変わるわけではありません。

電池もセロハンテープも回転しながら移動していくわけですから、「移動していくため

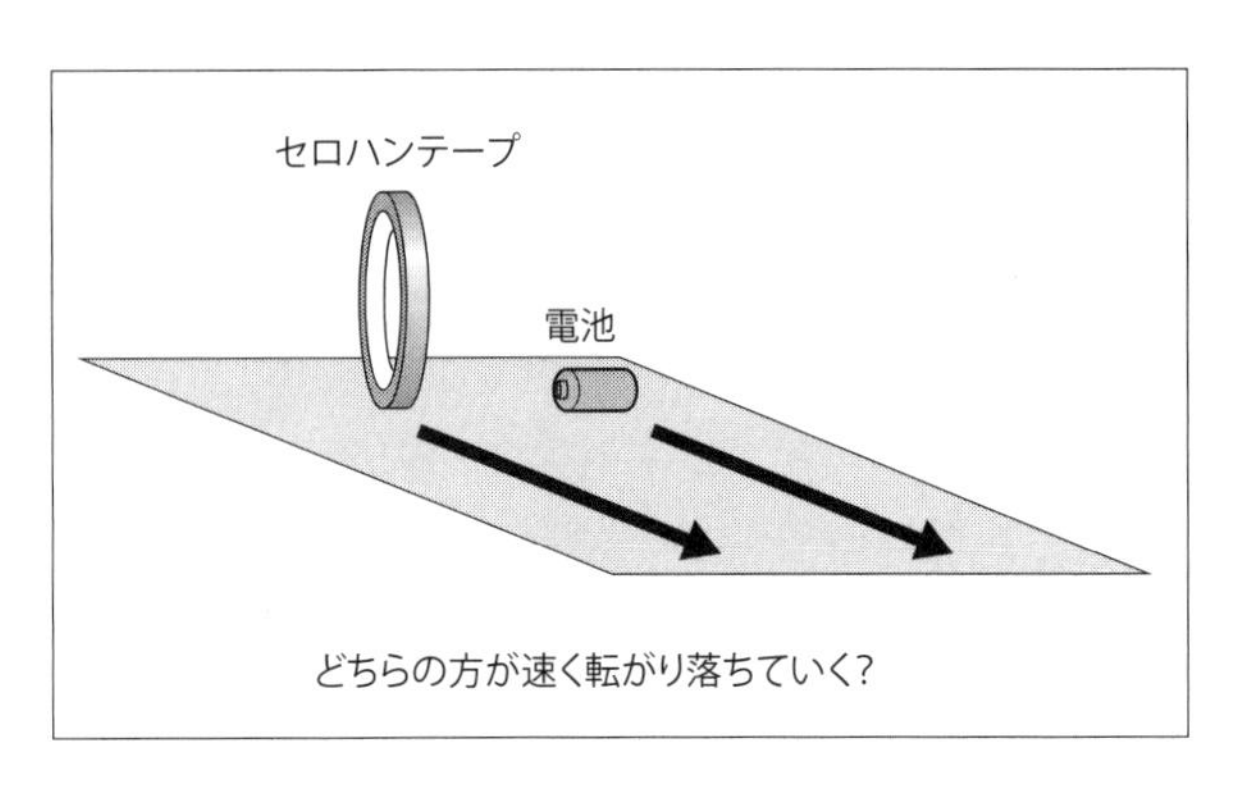

のエネルギー（並進運動エネルギー）」も必要です。

整理すると、**重力の位置エネルギーが「回転エネルギー＋並進運動エネルギー」と変化する**ということです。

ここで、セロハンテープは中が空洞で、質量は外側に集中しています。

前項で説明したように、物は回転軸から遠いほど回転しにくいため、セロハンテープは電池に比べて回転しにくいと言えます。それにも関わらず回転しているということは、セロハンテープは電池に比べて大きな回転エネルギーを持っていることが分かります。

そして、電池の方が回転エネルギーが小さい分、並進運動エネルギーは大きくなります。よって、電池の方が速く滑り落ちていくのです。

第2章

見えない力が
あらゆるところで働いている

見えない力
No.1

あなたは大気から常に巨大な力で押されている

「あなたはいつも、大気から巨大な力で押されているんです」と言われても、ピンと来ませんよね？

それもそのはず、私たちは生まれた瞬間から今までずっと**大気圧**を受けて生活しています。だから、それに慣れてしまっていて、その大きさを実感していません。

しかし、私たちが受けつづけている大気圧はじつはものすごい大きさなのです。この項では、そんな大気圧について考えてみます。

大気圧の平均値は１０１３ヘクトパスカルです。１０１３ヘクトパスカルと言われてもピンとこないかもしれないので、もう少し感覚的に分かる数字に変換してみましょう。

１ヘクトパスカルは１００パスカルなので、１０１３ヘクトパスカルは10万１３００

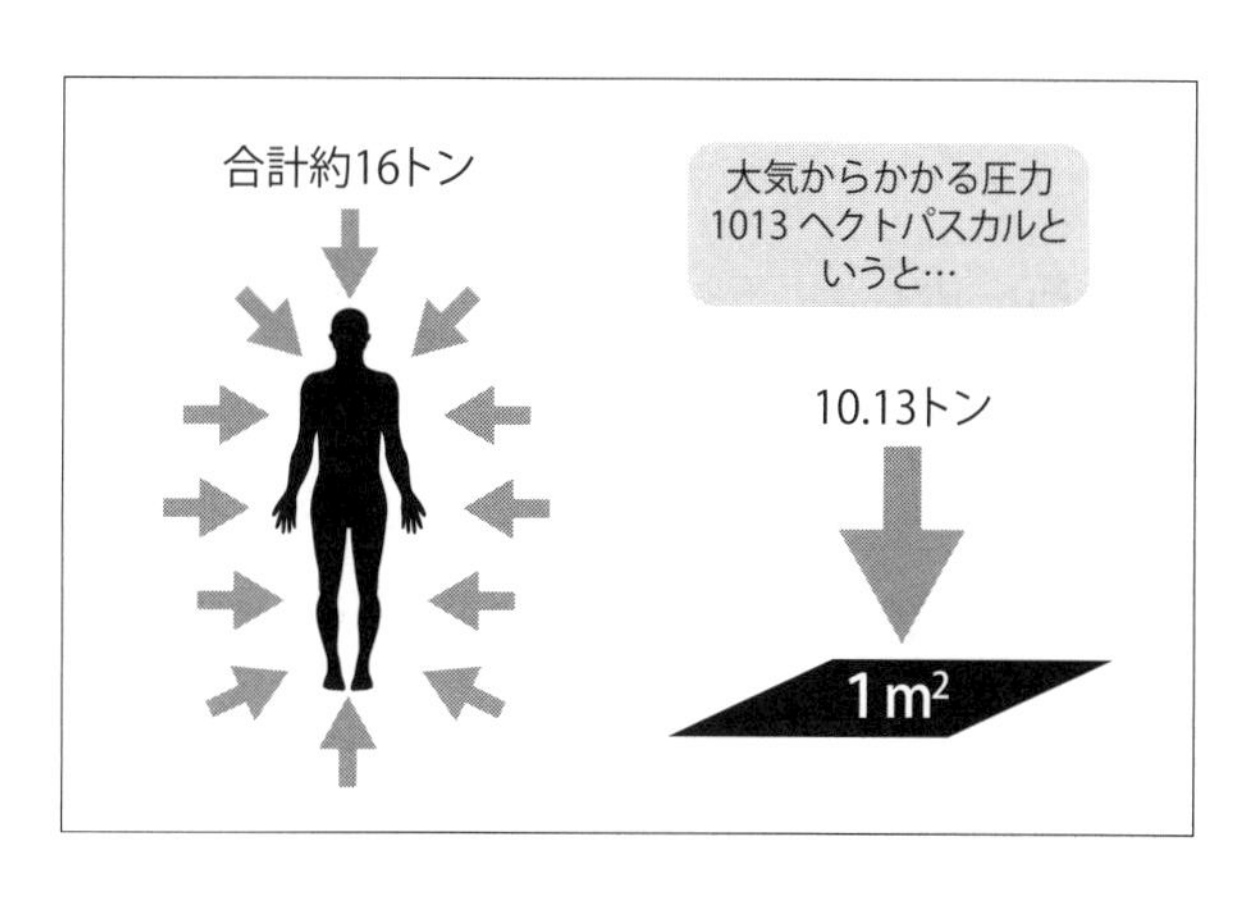

パスカルということになります。

「パスカル」は圧力の単位で、1平方メートルあたりどのくらいの力がかかっているかということを表します。

10万1300パスカルとは、1平方メートルあたり10・13トンの力がかかっているということです。つまり、**大気からは1平方メートルに対して約10トンもの力がかかっている**ことになります。

人の体表面積には個人差がありますが、成人だと1・6平方メートルくらいなので、私たちは大気から常に16トンもの力で押されているのです！

1654年、ドイツのゲーリケという人があ

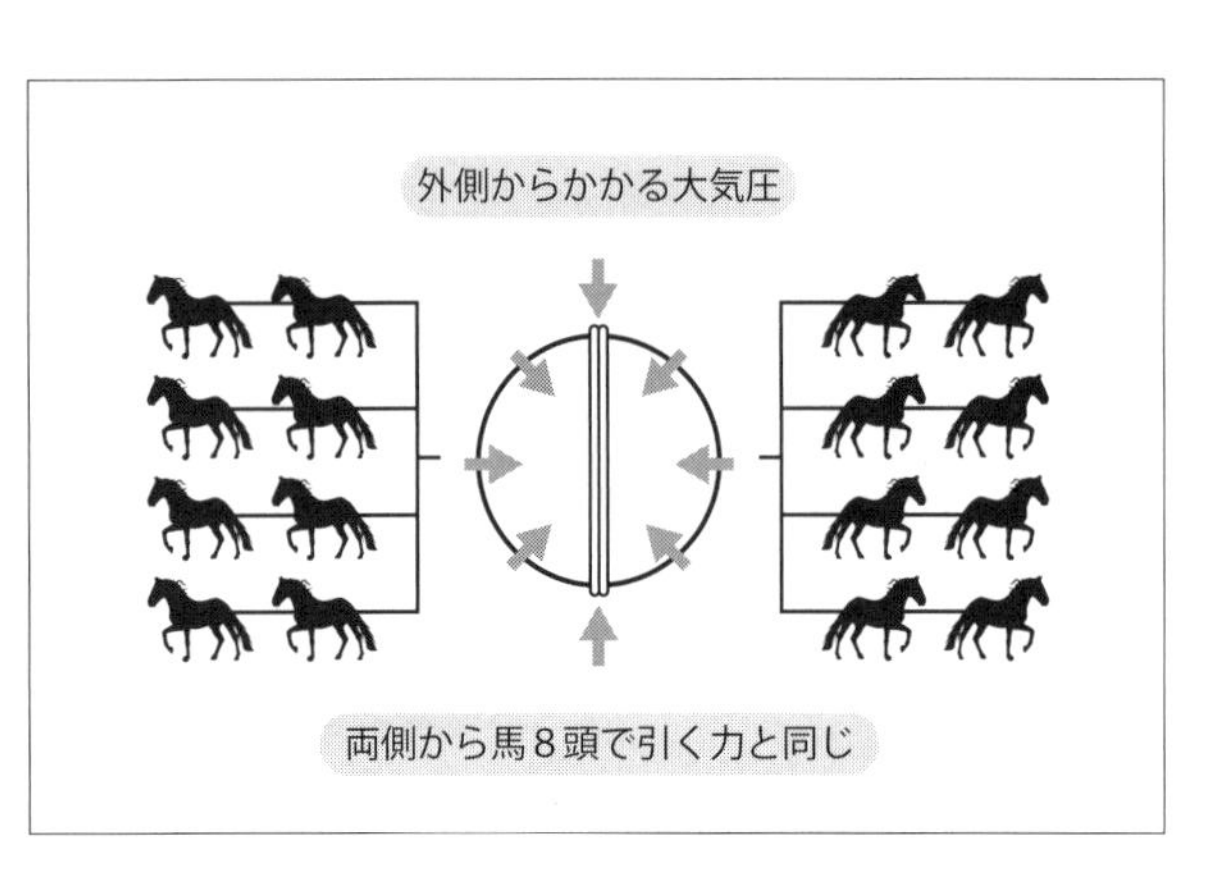

る実験を行いました。
　直径50センチメートルの金属の半球を２つ用意し、中を真空にしてくっつけ、これを外すのにどれくらいの力が必要か調べるというものです。金属半球は外側から大気圧で押されているので、外すにはそれに逆らう力が必要なわけです。
　直径50センチメートルなら簡単に外れそうですが、両側から馬８頭ずつで引っ張ってようやく外れたそうです。
　こんなに強力な大気圧を、私たちは受けつづけているのですね。

見えない力 No.2

なぜブレーキを踏むだけで重い車を止められるのか？

とても重い車が、高速で走っています。これをあなた１人の力で止めてくださいと言われたら、どうですか？　とても無理だと思いますよね。

いやいや、ブレーキを踏めば車は止まるじゃないですか。

このとき、車を止める力のもとになっているのは、あなたがブレーキを踏む力、ただそれだけです。つまり、**あなたの力で車を止めているのです**。

こう考えるとブレーキってすごいものだなあと思いますが、その仕組みはどうなっているのでしょうか？

ブレーキには、**「パスカルの原理」**というものが利用されています。

次ページの図を見てください。容器の左側の断面と右側の断面は、面積は違いますが、

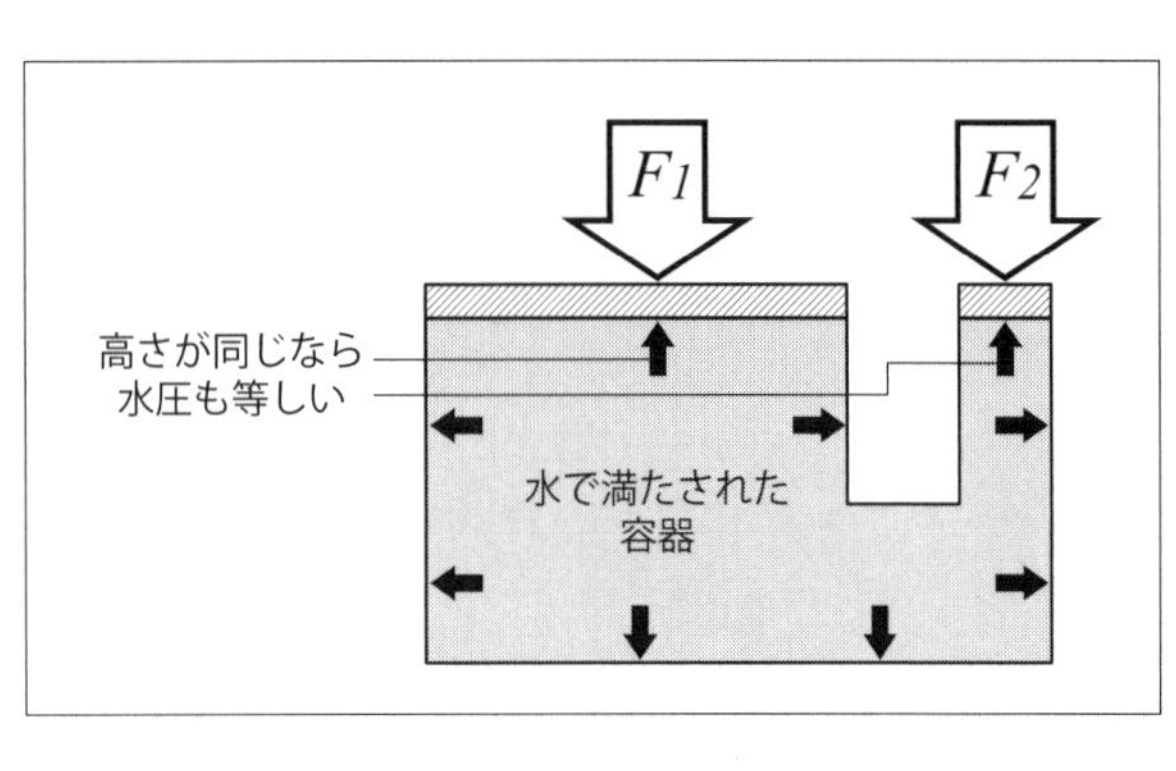

高さが等しいので圧力も等しくなります。そして「力＝圧力×面積」なので、**圧力が等しければ発生する力は面積に比例する**ことになります。

　この容器では左側の方が右側より断面積が大きいため、図のように左側の大きな力Ｆ１と右側の小さな力Ｆ２とがつりあうことになります。すなわち、Ｆ２という小さな力でＦ１という大きな力を支えられるということです。

　先ほど述べたように、発生する力は面積に比例します。だから、面積の比率を変えるだけで力の大きさを自由な倍率で変えられるのです。例えば、面積を１００倍にすれば力の大きさも１００倍にできるということです。

　この原理のおかげで、ペダルを踏む小さな力でも重たい車を止められるのですね。

見えない力
No.3

ゴルフボールは抵抗を減らすために工夫されている

水の中をスイスイ泳ぐのは、容易ではありません。高速で泳げば泳ぐほど、多くのエネルギーを消費するからです。エネルギー消費を少しでも軽減するためには、水から受ける**抵抗力**を下げる必要があります。

２００８年の北京オリンピックでは、イギリスのＳＰＥＥＤＯ社が開発した水着「レーザーレーサー」を着用した選手が新記録を連発して話題になりました。現在は使用禁止になっていますが、この水着も、水から受ける抵抗力を効果的に下げたものです。

この項では、抵抗を減らすための工夫を紹介します。

物体が、液体や気体といった流体の中を進むときに受ける抵抗力は、次ページの図のようになります。

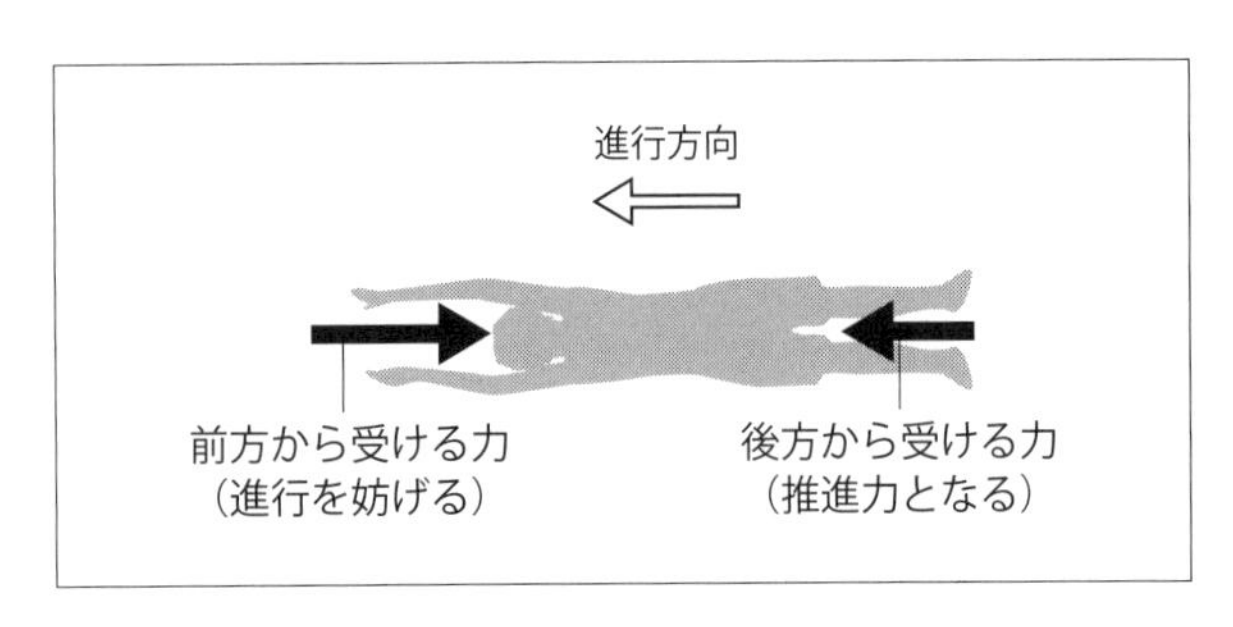

つまり、物体は流体から進行を妨げられているだけではなく、**進行を助けられてもいる**のです。

だから、抵抗力を減らすには、「前方から受ける力を減らす」という方法だけでなく、**「後方から受ける力を増やす」**という方法もあるのです。

例えば、次ページの図のように、２つの物体がある場合、流体中を進むときの抵抗力は、進行速度が同じでもかなり異なります。

２つの物体の前方の形状は同じなので、前方から受ける力に差はありません。違いは、後方から受ける力にあります。図のように、物体が動くことで生じる流体の流れを理解すると、違いがイメージできると思います。

後方から受ける力を増やす工夫をしているものには、例

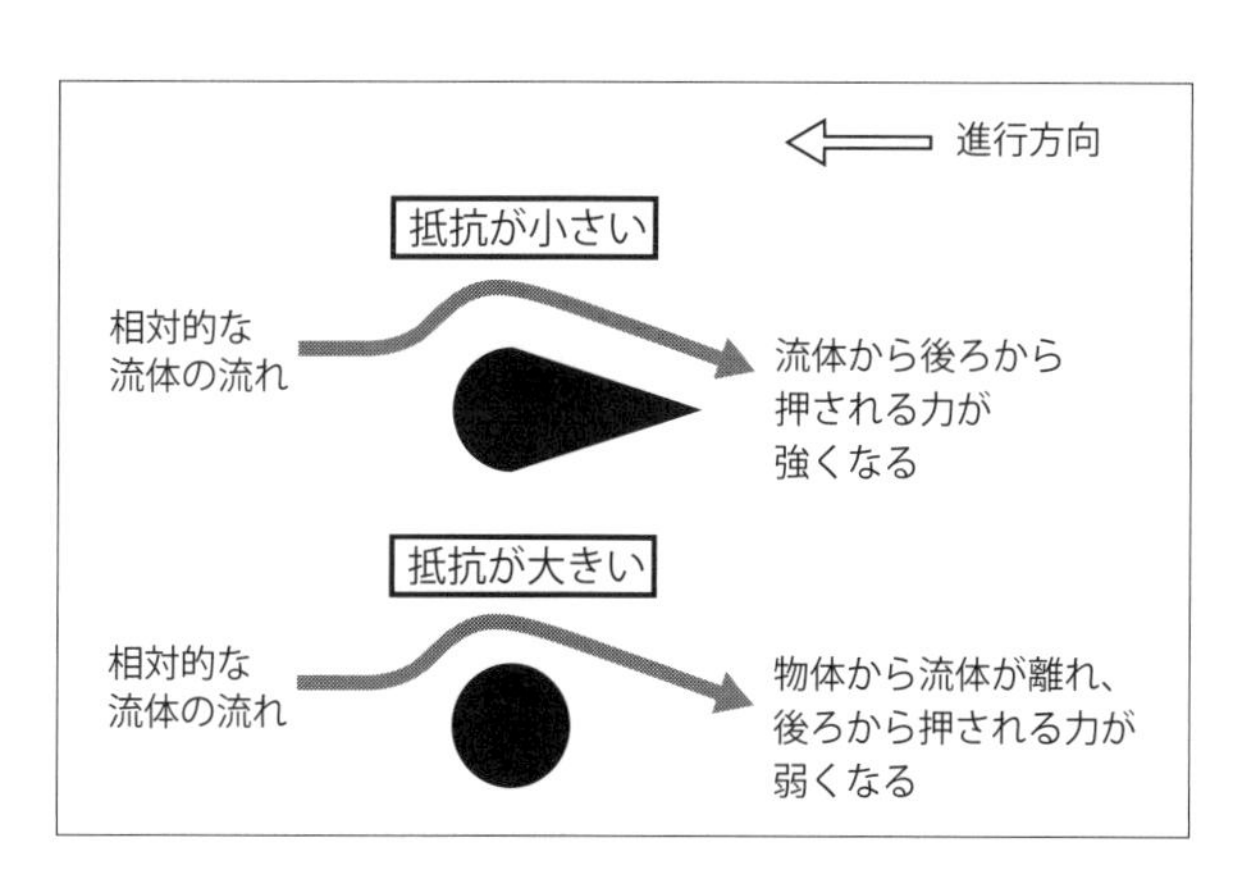

えばゴルフボールがあります。

ゴルフボールにはディンプルという表面の凹みがつけられています。ディンプルには、表面がツルツルであったら通り過ぎてしまう空気の流れを、ボールの後方へ回り込ませる働きがあります。

スピードスケートのウェアには、表面に小さな突起群がついたものがありますが、これも空気の流れを後方に回り込ませ、空気抵抗を小さくする役割を果たしています。

スピードスケートでは、氷との摩擦より空気抵抗との勝負となります。実際、標高が高い場所で多くの世界記録が誕生しています。

例えば、２００７年にソルトレイクシティで男子５００メートルの世界記録が誕生しまし

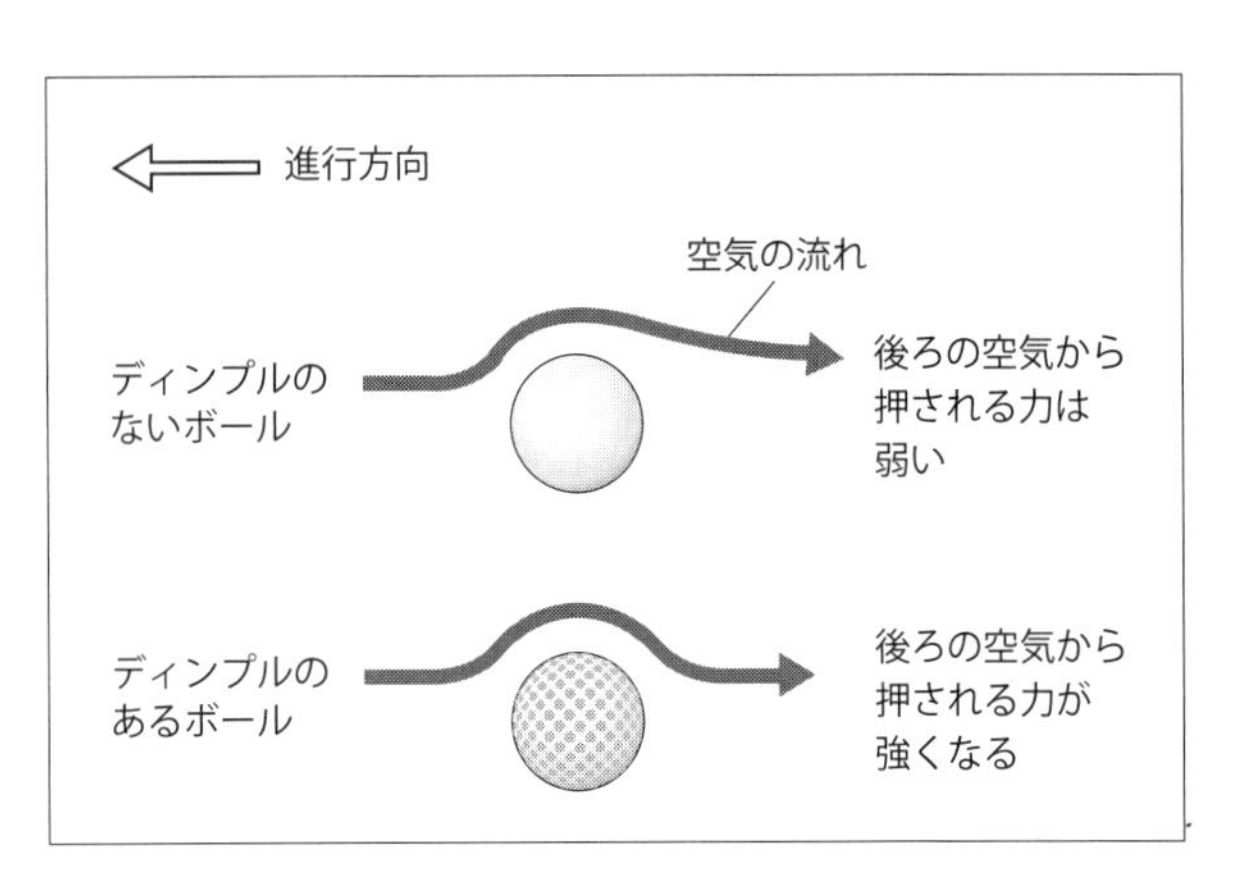

た。標高約1400メートルのソルトレイクシティでは、平地に比べて空気密度が約10％も小さく、空気抵抗も約10％小さくなるためです。

また、皮膚にたくさんのトゲを持つハリセンボンも、同じような原理で水から受ける抵抗力を低減させています。

抵抗を減らす工夫とは、じつは**推進力を増す工夫**のことなんですね。そのような視点でいろいろなものの形状を観察したら、新たな発見があるかもしれません。

見えない力 No.4

なぜ寿司ロボットはシャリをやわらかく握ることができるのか？

最近の回転寿司店では、寿司ロボットが活躍しています。ねた乗せはアルバイトが行いますが、微妙な力加減が必要なシャリ（ご飯）を握るのは寿司ロボットです。力加減の調整なら人間はロボットに負けない感じもしますが、そうでもないんですね。

寿司ロボットは、優れた仕組みによって絶妙な力加減を実現しています。**「空気圧制御」**という仕組みです。これにより、繊細なコントロールが可能になるのです。

シャリは、寿司ロボットによって何回かに分けて握られます。機械のハンド部分の上には空気圧をコントロールするシリンダーがついていて、そこで握りの強さを調節します。シリンダー内には圧縮空気が入れられています。

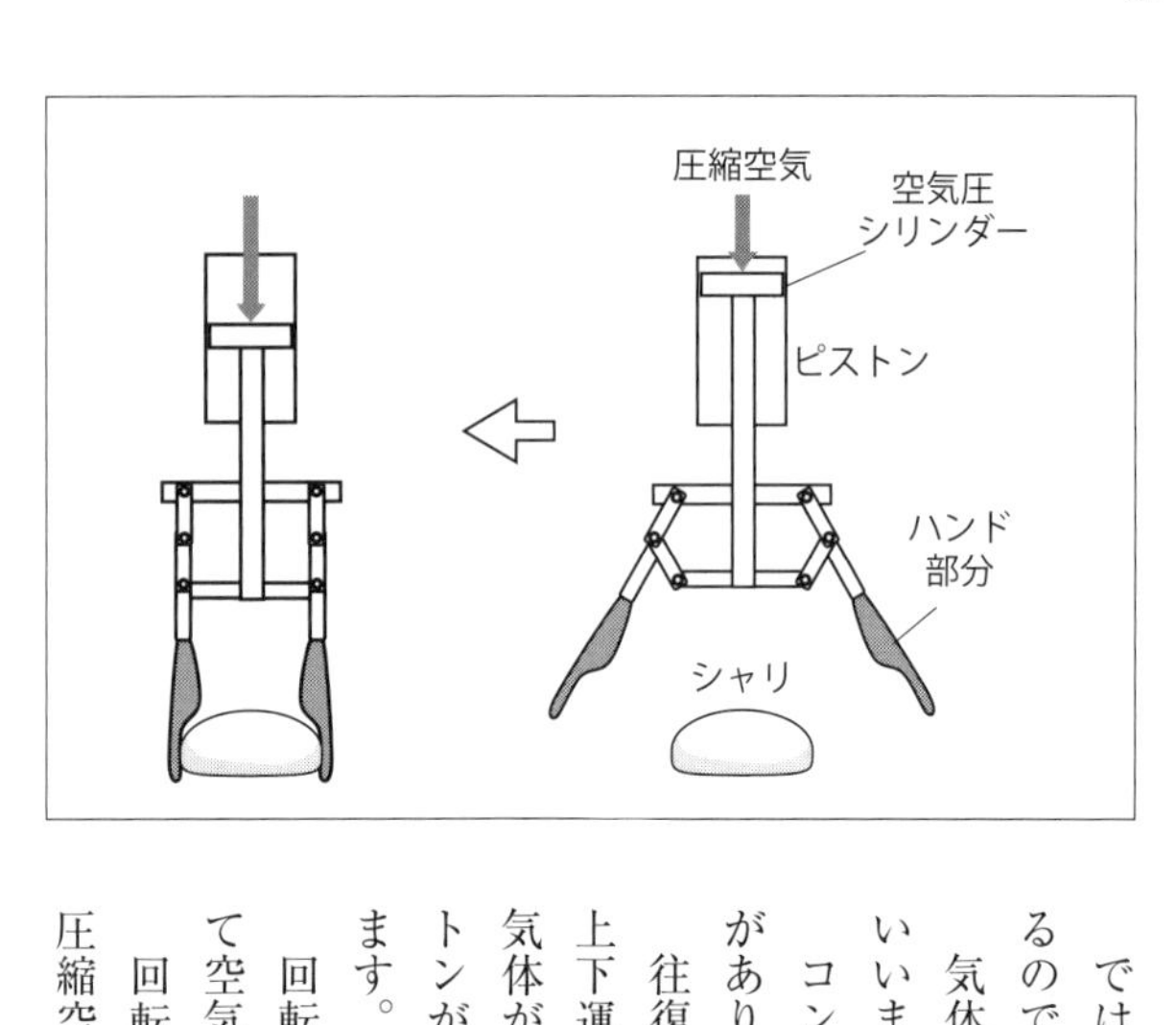

では、その圧縮空気はどのように作られているのでしょう?

気体を圧縮する装置を「コンプレッサー」といいます。

コンプレッサーには、代表的な2つのタイプがあります。「往復型」と「回転型」です。

往復型では、クランクが回転してピストンを上下運動させます。ピストンが上昇するときに気体が圧縮され、そのまま排出されます。ピストンが下降するときは気体が減圧され、吸気します。

回転型では、ローリングピストンを回転させて空気を圧縮しています。

回転寿司の絶妙な握り具合を実現するには、圧縮空気を上手に作るコンプレッサーが欠かせ

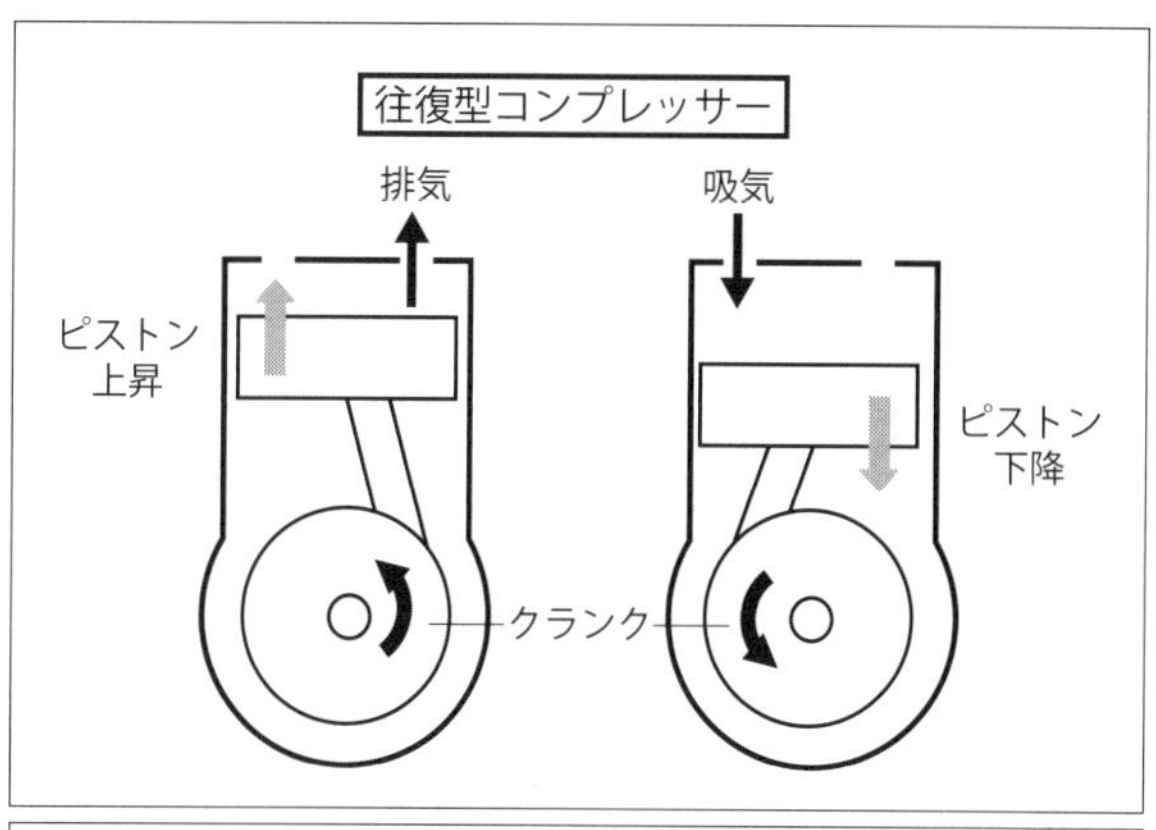

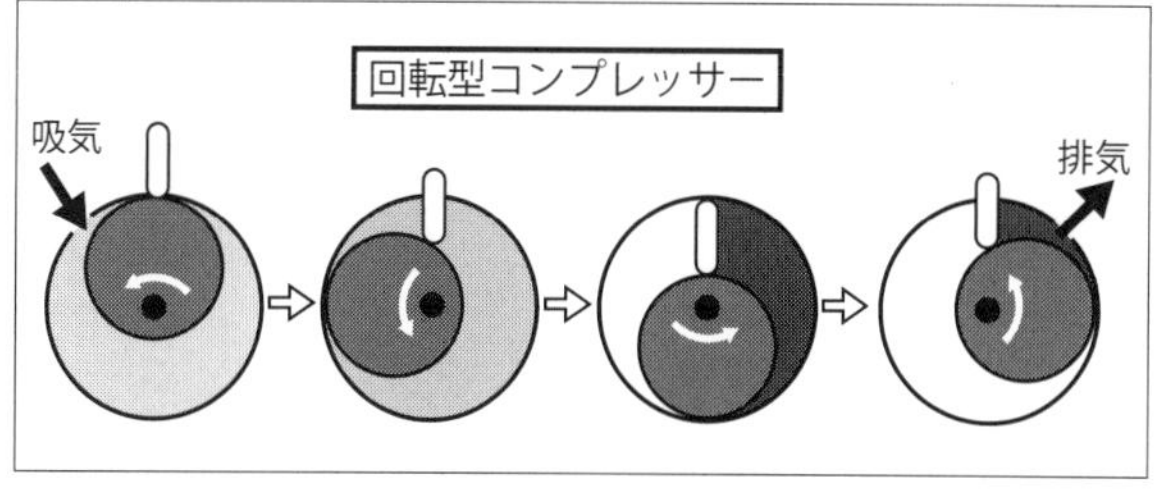

ないのです。

このおかげで、おいしいお寿司を食べられるんですね。

見えない力
No.5

ニセの金の王冠を見破ったアルキメデスの知恵

何かを水の中に沈めると、その物体には周りの水から浮かび上がらせようとする力が働きます。この力は**浮力**と呼ばれ、その大きさは**沈んでいる物体の体積に比例します。**これを「浮力の原理」といいます。

浮力の原理を発見したのは、アルキメデスです。発見のきっかけは、金製の王冠に、金以外の不純物が混ざっていないか調べるように言われたことです。見た目で判断することも難しく、当時は適当な手段がありませんでしたが、アルキメデスは左図のように、天秤(てんびん)を使った方法を考えつきました。

まず、調べたい王冠Aと、Aと同じ質量の金だけでできた王冠Bを用意します。AとBは同じ質量なので、等しい浮力が働けば天秤がつりあうことになります。

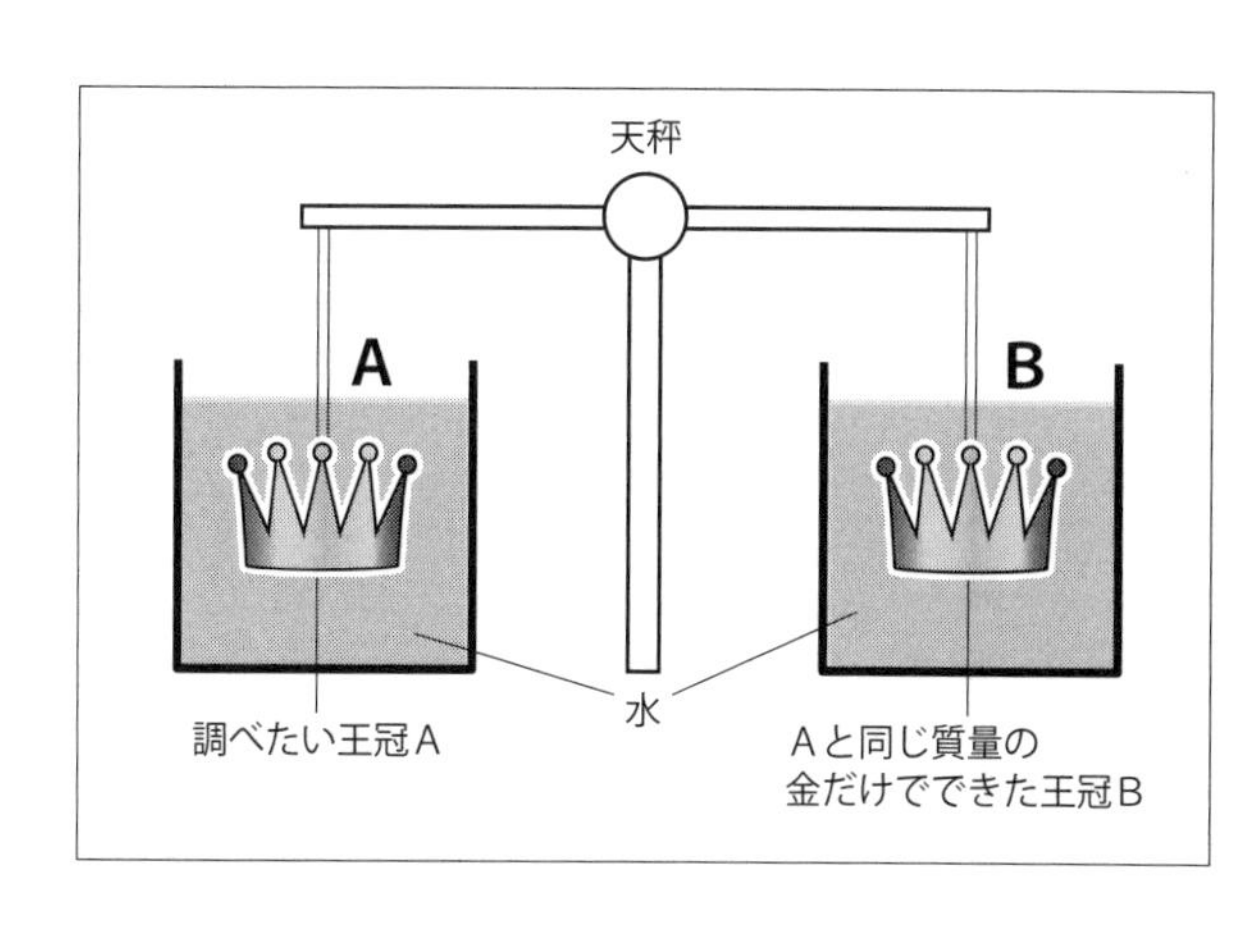

ここで、浮力の大きさは沈んでいる物体の体積に比例するので、AとBの体積が等しければ浮力も等しくなり、天秤はつりあうことになります。

質量が等しく体積も等しいということは、AとBの密度が等しいということです。つまり、天秤がつりあうためにはAとBの密度が等しくなければならないのです。

金とまったく同じ密度を、金以外の物質で実現することはできません。ということは、天秤がつりあえばAは純金製、つりあわなければ不純物が混ざっているということになるのです。

実際にアルキメデスが調べた結果、天秤は

つりあわなかったそうです。アルキメデスは、浮力の原理を応用してニセモノを見破ったのです。

　金を目にする機会などめったにあるものではありませんよね。だからこそ、見た目以外で真偽を見極める必要があるわけです。この方法は、他の物質を調べるのにも応用できそうですね。

　アルキメデスは他にも、らせん式揚水機の発明、てこの原理の発見、円周率が3・1428 6より大きく3・1408 6より小さいことの発見など、数多くの功績を残しました。実に多彩であったことが分かりますね。

見えない力 No.6

石を水に沈めるより浮かせた方が水位が上がる？

水槽に水を入れて、次の①、②を行ったとします。

①水槽の中に石を沈める
②水槽に浮かんだボートに、①と同じ石を載せる。このとき、ボートは沈まないものとする。

この場合、どちらの方がより水位が上昇すると思いますか？

答えは、①、②それぞれでどれだけ水位が上昇するかが分かれば求められますので、考えてみたいと思います。

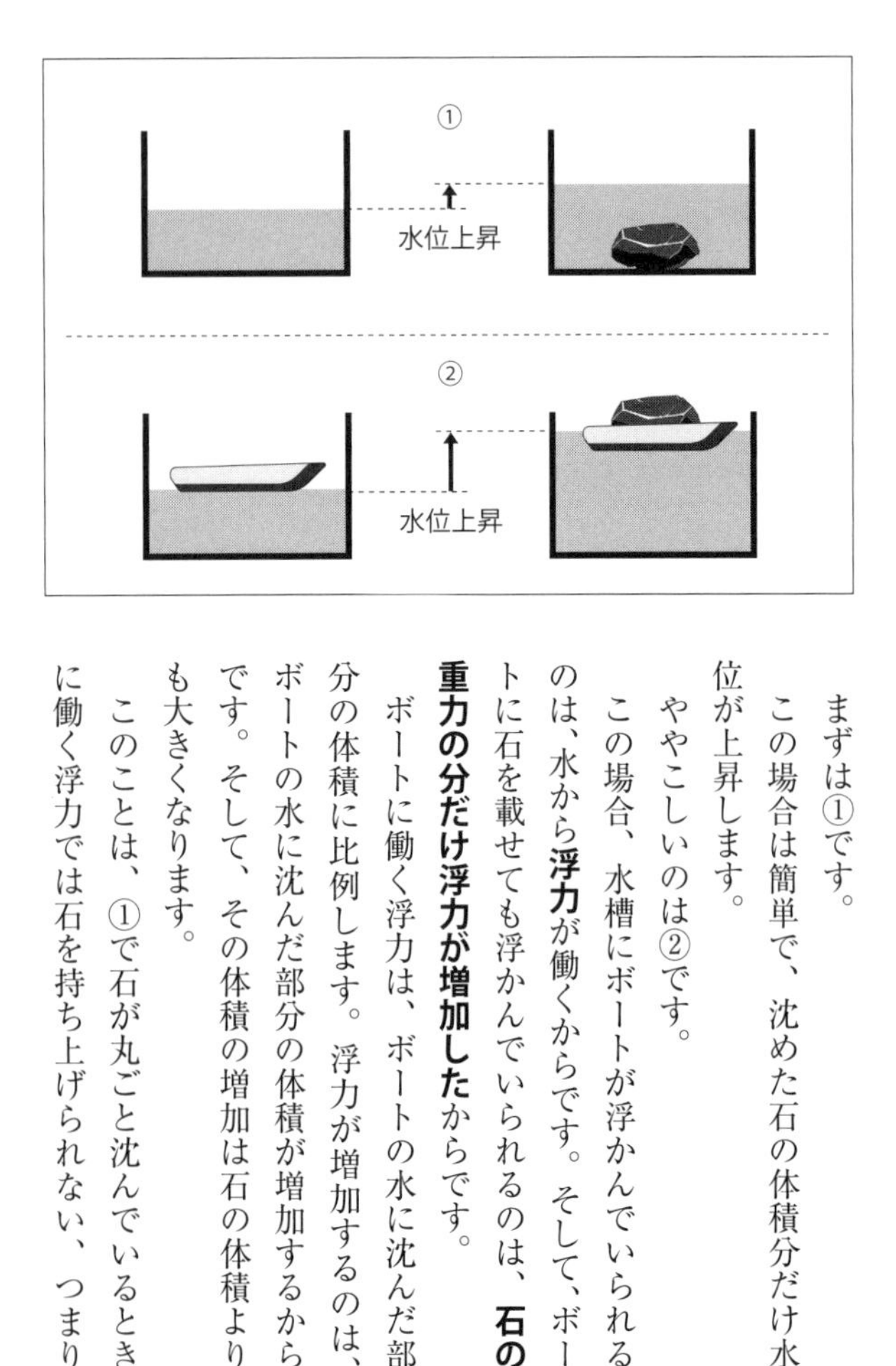

まずは①です。

この場合は簡単で、沈めた石の体積分だけ水位が上昇します。

ややこしいのは②です。

この場合、水槽にボートが浮かんでいられるのは、水から**浮力**が働くからです。そして、ボートに石を載せても浮かんでいられるのは、**石の重力の分だけ浮力が増加した**からです。

ボートに働く浮力は、ボートの水に沈んだ部分の体積に比例します。浮力が増加するのは、ボートの水に沈んだ部分の体積が増加するからです。そして、その体積の増加は石の体積よりも大きくなります。

このことは、①で石が丸ごと沈んでいるときに働く浮力では石を持ち上げられない、つまり

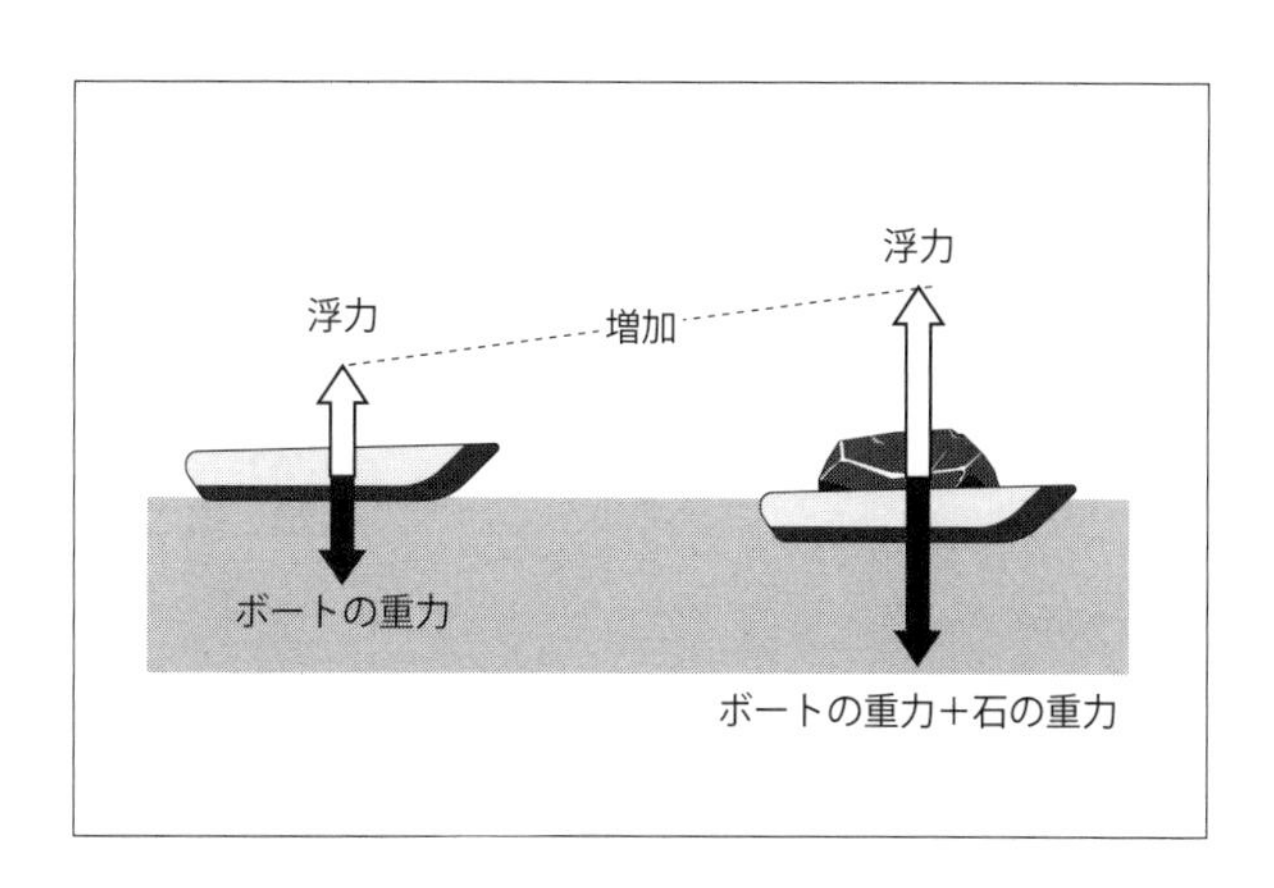

浮力が石の重力より小さいことから分かります。石を支えるだけの浮力を発生させるには、**石の体積よりも多く、ボートが沈む必要がある**のです。

そして、ボートが水に沈んだ部分の体積増加が、②の水位上昇になるわけです。

この水位上昇は、石の体積分だけ水位上昇した①より大きいことが分かりますね。

意外かもしれませんが、②の方が水位上昇が大きい、というのが正解となります。

石を丸ごと沈めてしまう①の方が大きく水位上昇すると思った人も多いのではないでしょうか。私たちの感覚は、いつも正しいとは限らないのですね。

見えない力
No.7

なぜ潜水艦は浮いたり沈んだりできるのか？

水中に潜るのも水上に浮かぶのも自由自在な潜水艦。
これを使えば、水中遊覧を楽しむこともできます。沖縄などに水中観光船があるので、体験した人もいるかもしれません。また、潜水艦は他にも海底調査用、軍事用としても重宝されています。

でも、考えてみると水中に入れられた物体は、普通は浮かぶか沈むかのどちらかです。浮き輪が沈むこともなければ、金属の塊が浮かぶこともありません。それなのに、潜水艦が浮かぶことも沈むこともできるのはなぜなのでしょう?

物体が水中で浮かぶか沈むかは、その**密度**によって決まります。水より密度が小さければ浮かび、大きければ沈みます。

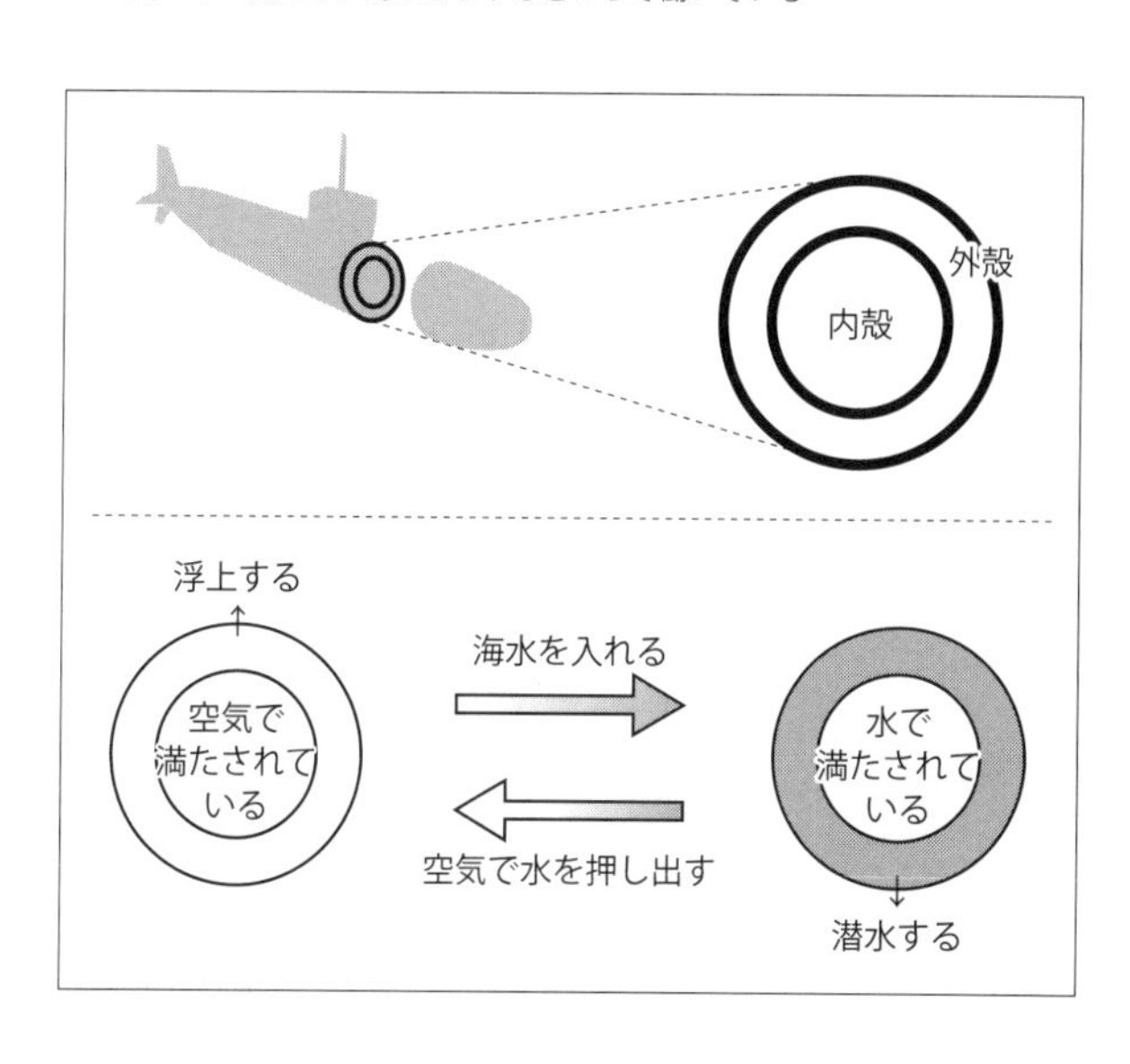

　では、どうして潜水艦は浮き沈みが自在なのでしょう？

　理由は、**密度を自在に調節できる**ところにあります。

　上図は、潜水艦の断面図です。内殻と外殻で囲まれた部分が空気で満たされているときには、潜水艦全体の密度が水より小さくなるため、水面に浮上します。

　これに対し、内殻と外殻で囲まれた部分へ水を注入すると、潜水艦全体の密度が水より大きくなるので沈むことができるのです。

　再び浮上するときには、空気を

使って水を押し出します。このときに使う空気は、圧縮して内部のタンクの中に溜めてあります。ですので、使用できる空気には限りがあり、潜水艦が浮上と潜水を繰り返す回数にも限度があるのです。

浮き沈みが自在に見える潜水艦も、密度によって浮沈が決まるという原則にきちんと従っているのですね。

見えない力 No.8

カールじいさんを浮かせるのに必要な風船の数はどのくらい？

アニメ映画『カールじいさんの空飛ぶ家』で、カールじいさんは無数の風船を使って自分の家を浮上させ、冒険に出ました。

夢にあふれた話ですが、実際にこんなことが可能なのだろうかとマジメに計算してみるのも面白いかもしれません。この項では、そんな夢のある計算をしてみたいと思います。

まず、物体に風船1個をつけたとき、風船がその物体を持ち上げようとする力の大きさを考えてみます。

質量1グラムの物体に働く**重力**の大きさを1グラム重といいます。ここではこの「グラム重」という単位を使います。

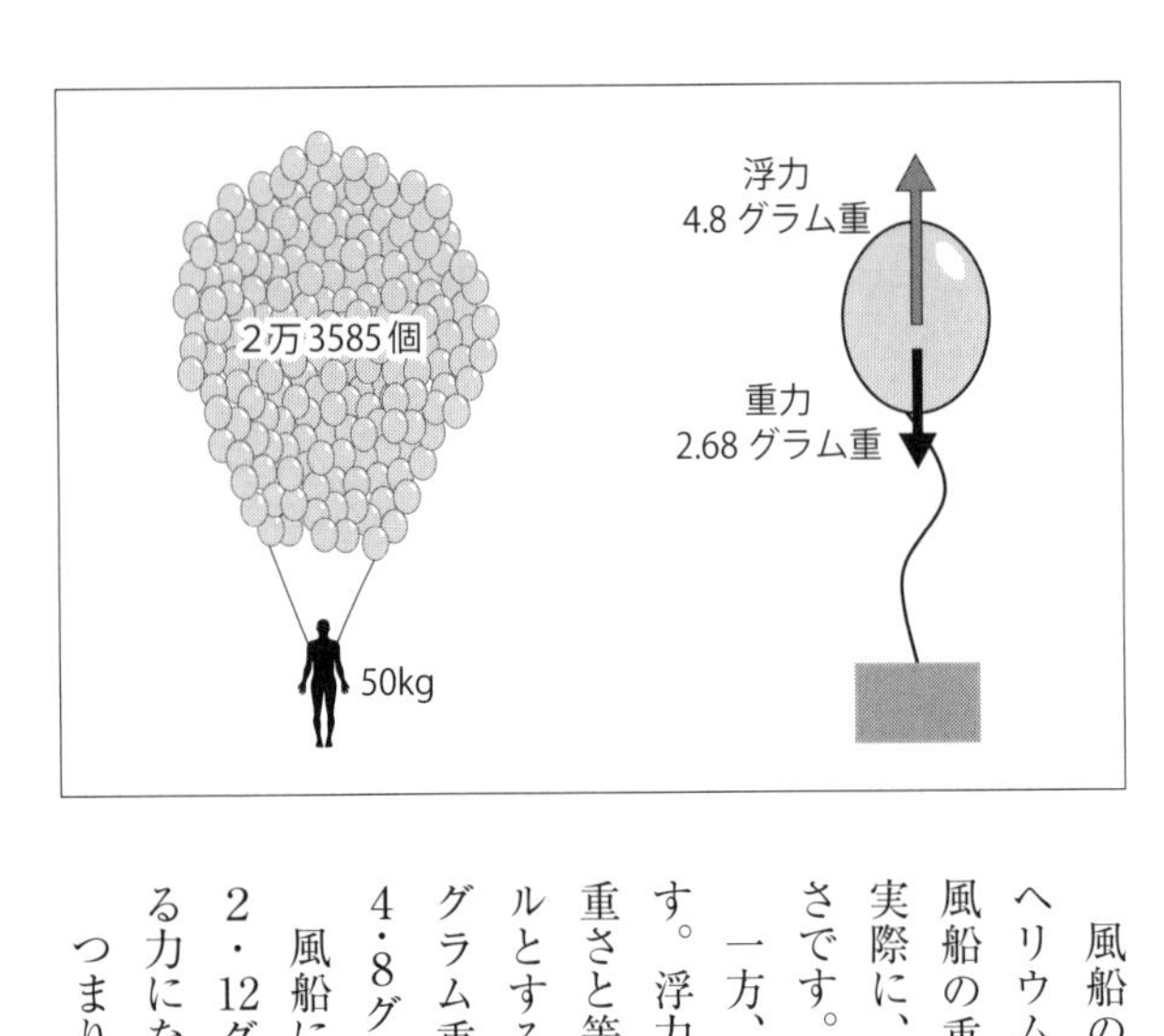

風船のゴムの重さを2グラム重、封入されたヘリウムガスの重さを0・68グラム重とすると、風船の重さは合計2・68グラム重となります。実際に、普通の大きさの風船はこのくらいの重さです。

一方、風船には周りの空気から**浮力**が働きます。浮力の大きさは、風船の体積の分の空気の重さと等しくなります。風船の体積を4リットルとすると、空気1リットルの重さは約1・2グラム重なので、浮力の大きさは1・2×4＝4・8グラム重です。

風船に働く浮力と重力の差＝4・8－2・68＝2・12グラム重が、風船1個が物体を持ち上げる力になります。

つまり、2・12グラムより軽い物体であれば、風船１個で浮かび上がらせることができるのです。

このように考えると、風船で家を浮かび上がらせるというのは……やっぱり現実的ではなさそうですね。

とりあえず、50キログラムの人を持ち上げるのに必要な風船の数を計算してみましょう。風船１個で２・12グラム持ち上げられるので、以下のようになります。

50キログラム＝５００００グラム

５００００グラム÷２・12グラム＝２３５８４・９

つまり、２万３５８５個の風船があれば浮かび上がることが分かります。

これだけでも、映画で登場した数よりはずっと多そうですね。ましてや家を丸ごと浮かび上がらせるとなったら、とんでもない数が必要だと分かります。

見えない力 No.9

体重計では本当の体重は測れない

身体測定の日、あなたが体重計に乗ると、目盛りはピッタリ60キログラム重を示しました。

普通は「60キログラム」などと表しますが、体重は「重さ」であり、重さは「重力の大きさ」のことですから、正確には60キログラム重というべきなので、この項では「キログラム重」と表記します。

さてこのとき、「体重計がピッタリ60キログラム重を指したのだから、体重はピッタリ60キログラム重である」と普通は思いますよね？　でもじつは、ちょっとだけ違うのです。左図で説明したいと思います。

体重計に乗ったA君。A君に働いている力は普通、次のように説明されます。

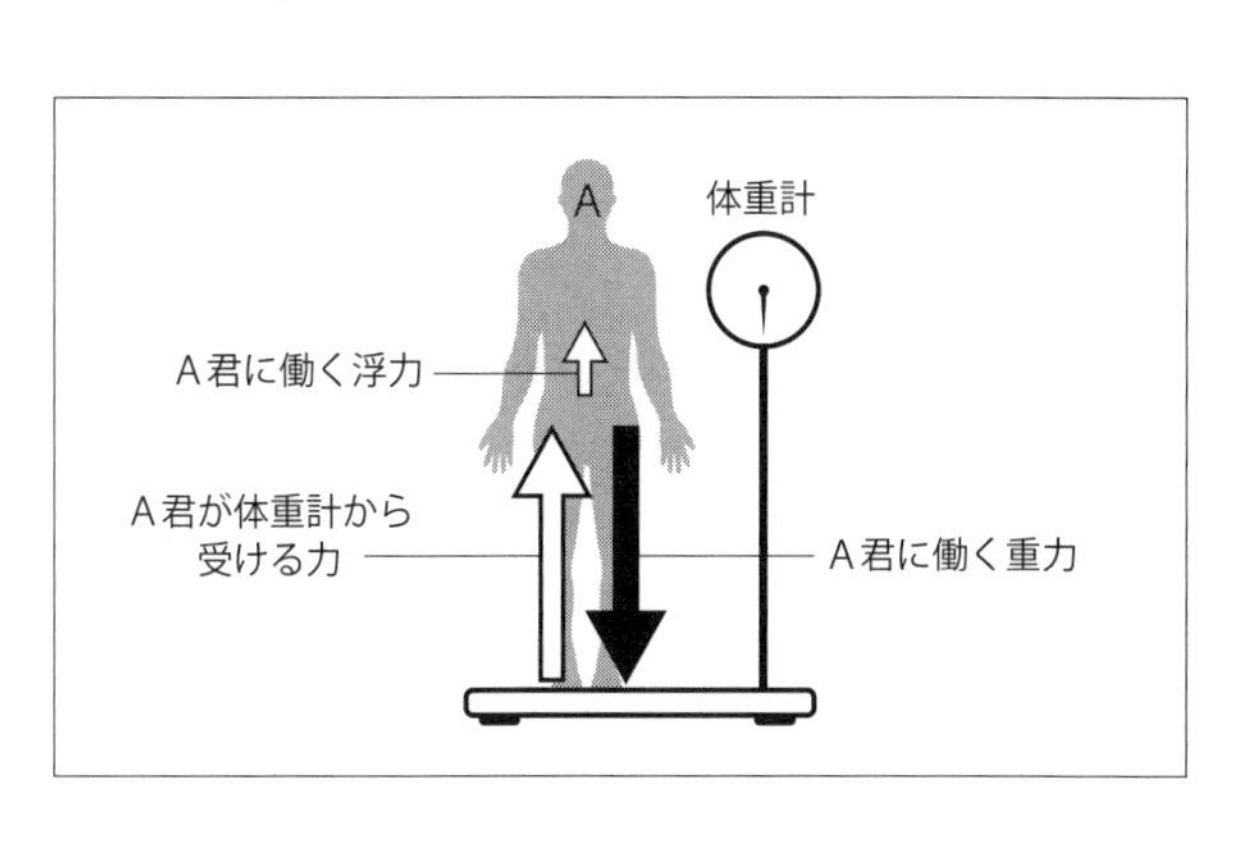

このとき、A君に働く重力とA君が体重計から受ける力はつりあっていて、体重計にはその力の大きさが表示されます。

よって、体重計に表示された値が**A君に働く重力**、すなわちA君の体重だという話になるのですが、ここで見落とされている力がひとつあります。周りの空気から**A君に働く浮力**です。

流体の中にある物体には、必ず浮力が働きます。ですので、空気中にいる私たちも、気づかないうちに**空気から浮力を受けている**のです。

これも含めて正しく考察すると、次のようになります。

「A君に働く重力＝A君が体重計から受ける力＋A君に働く浮力」

体重計に表示された値は、A君が体重計から受ける力と等しいので、「A君に働く重力＝体重計の表示＋A君に働く浮力＞体重計の表示」となるのです。

つまり**実際の体重（重力）は、体重計の表示よりも大きい**ということです。もしあなたが体重計に乗ったとき、目盛りがピッタリ60キログラム重を示したとしたら……本当の体重は60キログラム重よりも大きいということです。

でも大丈夫、空気の浮力はたかが知れています。空気の密度は約1・3キログラム毎立方メートル、人間の体積は体重60キログラム重くらいの人なら約0・06立方メートルなので、浮力の大きさはこの値のかけ算くらいです。

「1・3×0・06≒0・08キログラム重」

普通、体重は小数第1位まで表示するので、表示に影響を与えるギリギリくらい、という感じです。おどかすような書き方をしましたが、気にするような大きさではありませんのでご安心を。

見えない力 No.10

シートベルトはなぜ急ブレーキの時だけ締まるのか？

飛行機の離着陸時には必ずシートベルトを締めるようアナウンスされます。

飛行機は離陸前や着陸後に滑走路上を走りますが、そのスピードは時速２００キロメートル近くにも達します。これだけのスピードで走っているときに、もし何かのトラブルで急停止したらどうなるでしょう？

ブレーキがかかるのですから、前方にものすごく大きな力を受けます。この力を**慣性力**といいます。

慣性力とは、何か乗り物に乗っていて、その乗り物に**加速度が生じたときに中に乗っている人や物に働く力**のことです。ブレーキがかかれば前方に、前方に加速すれば後方に働く力です。つまり、**慣性力は乗り物の加速度とは逆向きに働く**のです。

ハイスピードからの急停止時には、ものすごく大きな慣性力が生じます。もしシート

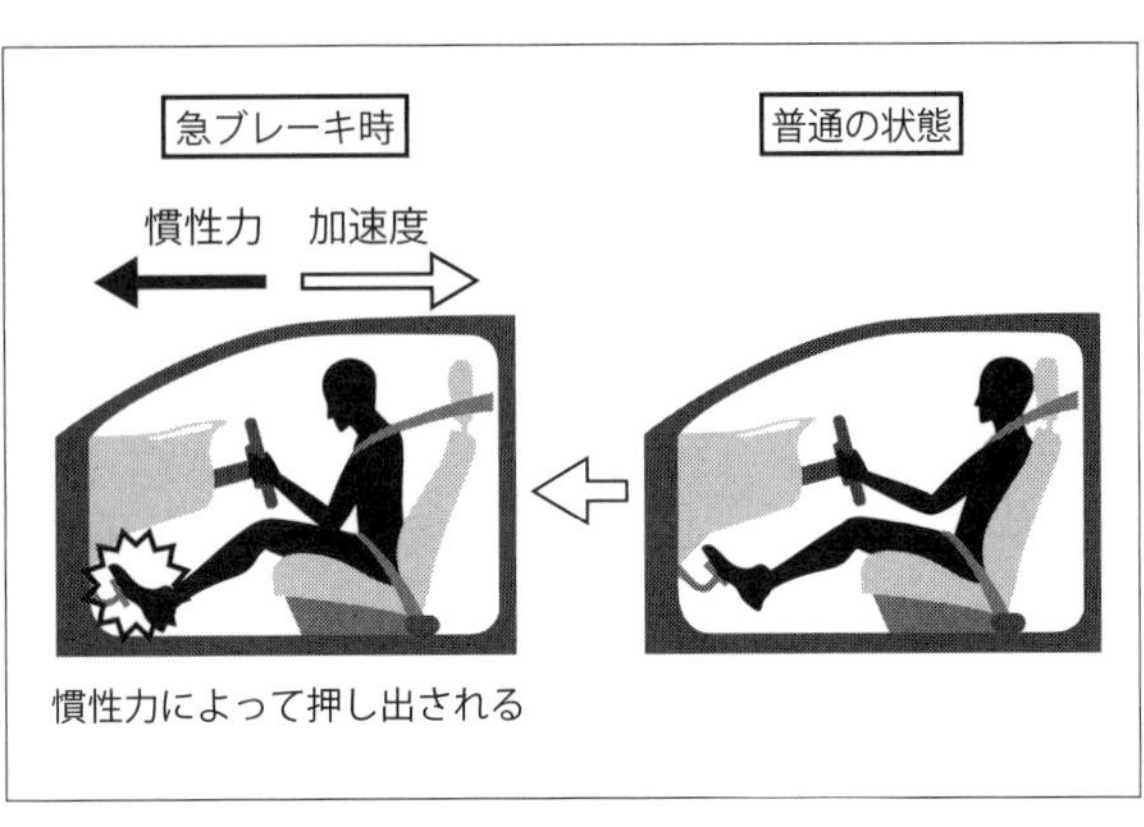

ベルトをしていなかったら、この大きな慣性力によって前方に放り出されることになり、きわめて危険です。だから、万が一に備えてシートベルトをかけるのです。

もちろん車などでも同じです。飛行機ほどのスピードは出しませんが、急ブレーキをかけたときにシートベルトをしていなければ前方に放り出され、たいへん危険です。

シートベルトは慣性力から身を守るためのものだということが分かってもらえたかと思いますが、じつは、シートベルトの仕組み自体にも慣性力が利用されています。

車に乗ってシートベルトをゆっくり引っ張ると、かなり伸びます。シートベルトを締めるに

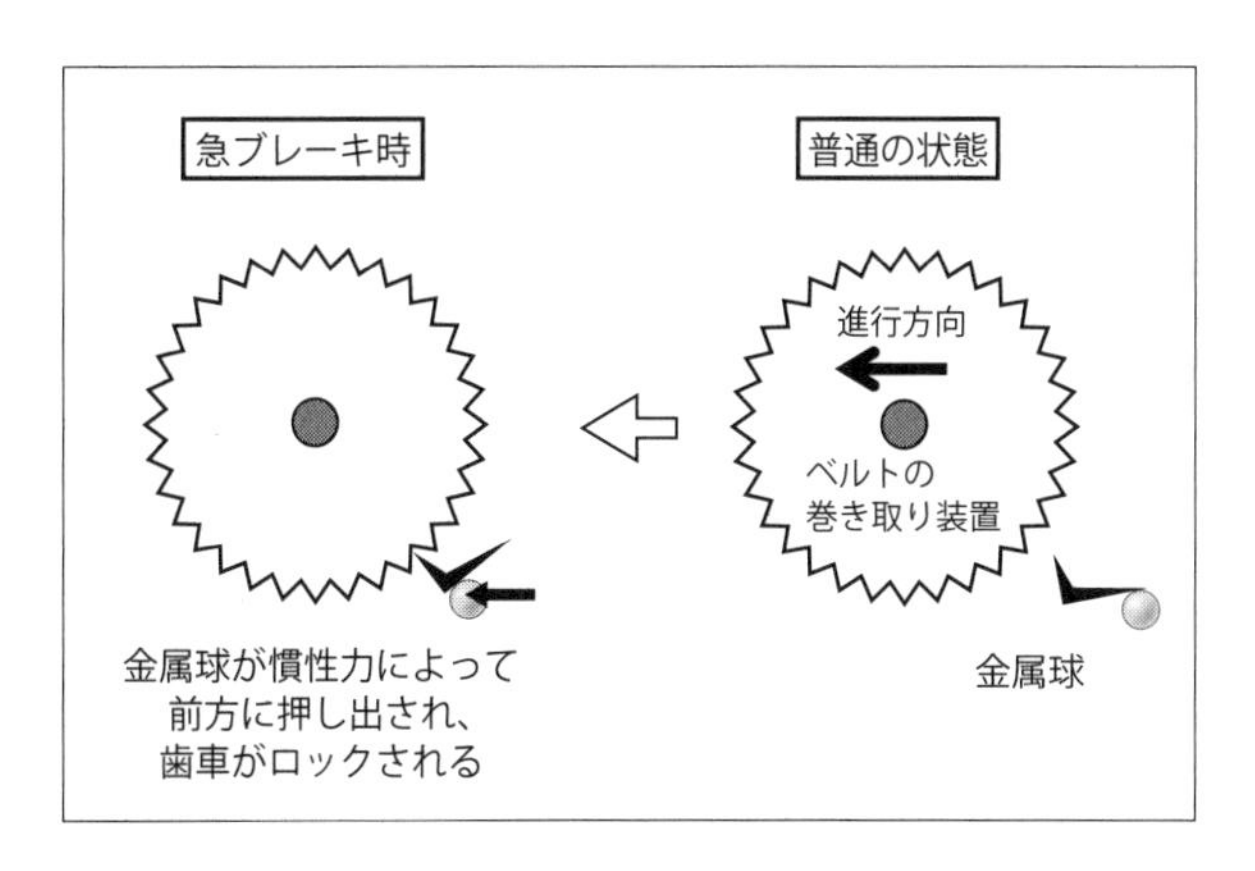

はベルトをいったん緩める必要があるので、通常はこれで問題ありません。しかし、いざというときに緩んでいたらシートベルトの意味がありません。だから、急ブレーキをかけたときにはシートベルトはきつく締まります。ゆっくり引っ張ったときと違い、シートベルトは伸びないはずです。急ブレーキで試すのは危険ですが、普通の状態で急に引っ張ってみれば分かります。この仕組みに利用されているのが、慣性力なのです。

身体に危険を及ぼすのも慣性力、それから身を守ってくれるのも慣性力というわけですね。

見えない力 No.11

前傾姿勢でスタートダッシュするのはなぜ？

短距離走では、スタートダッシュで前傾姿勢をとり、徐々に身体を起こしていくのがよいとされます。

これは、教えられなくても自然とそうする人が多いと思います。無意識のうちに最適な走り方をしているわけですが、それが最適である理由を力学的に考えてみたいと思います。

スタートダッシュの間とそれ以降との違いは、**加速しているかどうか**です。

スタートダッシュではグングン速度が増していきますが、ある程度の速度になると加速しなくなります。それは、速度が増すほど**空気抵抗**が大きくなるからです。

速度が一定の区間でも前進させる**推進力**は働いています。でも、それと同等の空気抵

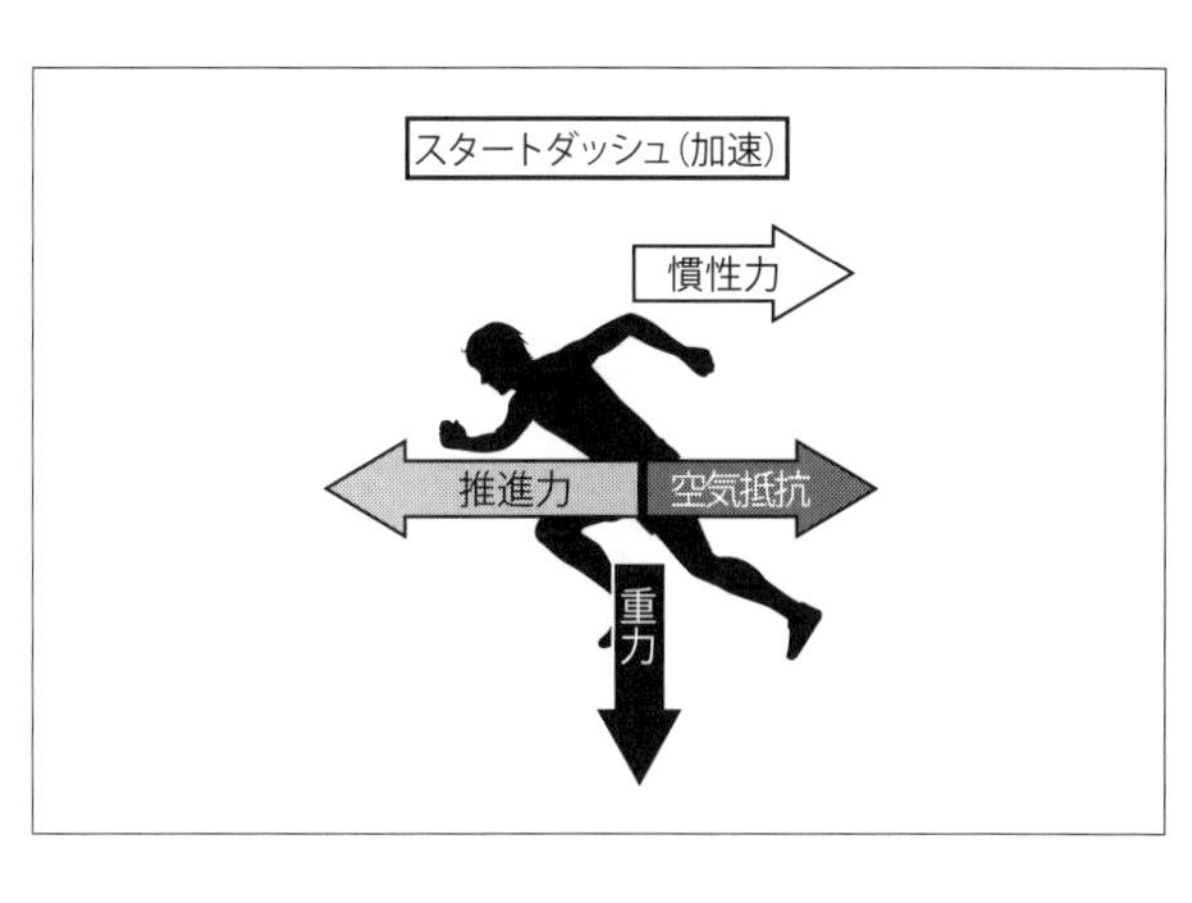

抗を受けてしまうため、力がつりあって加速しないのです。

そして、加速しているスタートダッシュの間は、加速の向きと逆向きに慣性力を受けます。

このとき、もし上体を起こして走っていたら慣性力のために後方へ転びそうになり、安定しません。そこで、前傾姿勢をとるのです。

前傾姿勢をとると、重力の働きで前方へ転びそうになります。これと、慣性力のために後方へ転びそうになる力とがつりあうことで、**バランスが保たれる**のです。

しかし、速度が一定になれば慣性力は働かないので、前傾姿勢のままでは前方に転びそ

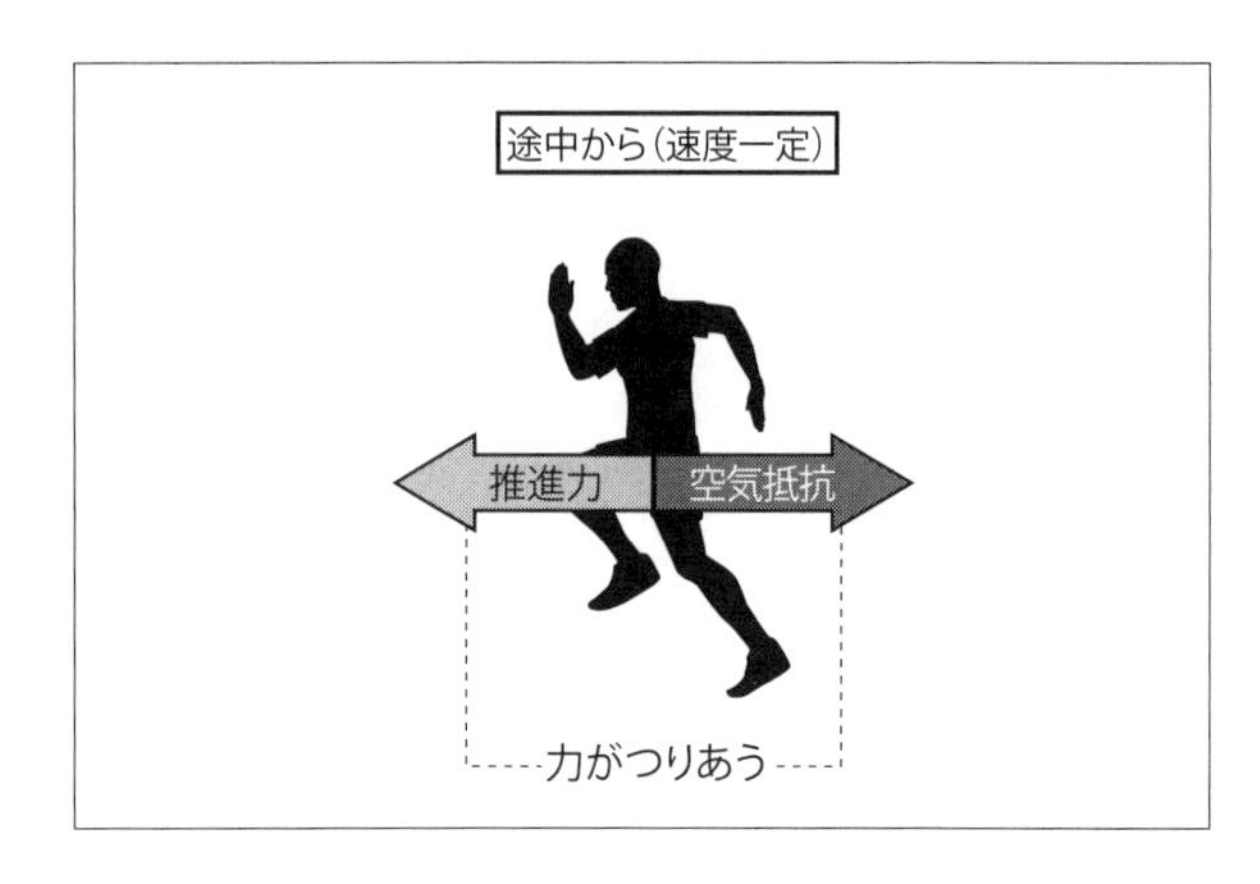

うになります。だから、身体を起こして走るのです。

加速中に慣性力を受けていることなど意識していなかった人も多いと思いますが、肌身ではしっかりと慣性力を感じているのです。だから、慣性力を含めてもっともバランスがとれる姿勢を、自然と選んでいるのですね。

見えない力 No.12

宇宙飛行士はどうやって無重力状態の訓練をしている？

国際宇宙ステーションなどで活躍する宇宙飛行士は、宇宙へ飛び立つ前に過酷な訓練をしています。宇宙船の操作、異なる国の飛行士たちとのコミュニケーション、体力トレーニング、密閉空間に耐える訓練などさまざまですが、無重力への適応もそのひとつです。

宇宙へ飛び立って初めて無重力を体験したのではうまく活動できませんから、地上にいるときから無重力に慣れるための訓練が必要です。でも、地上に無重力空間など存在するのでしょうか？

もちろん、そんな場所はありません。どこにいても重力はあります。ということは、地上で無重力を体験するには無重力状態を作る必要があるのです。

では、どのようにして作り出しているのでしょう？

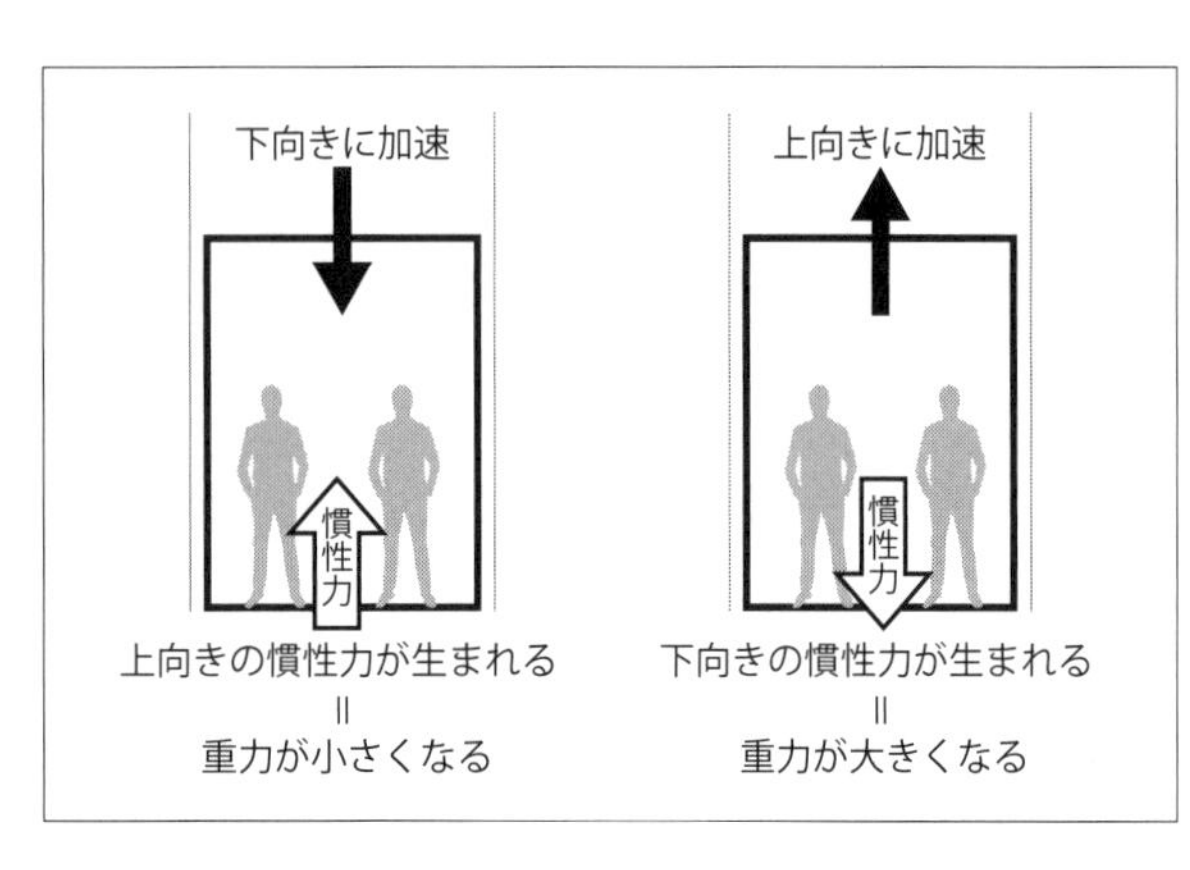

このとき利用しているのが、**慣性力**なのです。

エレベーターに乗ったとき、上昇するときには身体が重く感じられ、下降するときはフワッと身体が軽くなった感じがします。これは、エレベーター内で働く慣性力のためです。

エレベーターが上昇、つまり上向きに加速するときは下向きの慣性力が生まれます。これは、**重力**が大きくなるのと同じです。

逆に下降、つまり下向きに加速するときには、上向きの慣性力が生まれて重力が小さくなります。これを応用すれば、無重力状態を作ることができます。

下降時に慣性力を重力と同じ大きさにすれば、下向きの重力と打ち消し合って無重力状態になります。

もしエレベーターのワイヤーが切れて、ストーンと落下したら、無重力状態になります。つまり、上向きに重力と同じ大きさの慣性力が生まれるのです。

このような落下は「自由落下」と呼ばれ、**自由落下する乗り物の中は無重力状態になる**のです。

宇宙飛行士の無重力訓練はこの方法で行われます。

宇宙飛行士を乗せた飛行機はまず、高度数十キロメートルの高さまで上昇します。そして、そこから一気に自由落下します。すると、落下する数十秒の間、無重力状態を体験できます。いったん降りてきたら再び上昇し、また自由落下する。この繰り返しで、何度も無重力の訓練をしているのです。

この方法は、例えば宇宙船が登場する映画など、無重力状態を撮影したいときにも利用されているそうです。慣性力というのは、こんなところでも役立っているのですね。

ちなみに、ここで説明した無重力状態の作り方は、簡単な実験で確かめられます。

ペットボトルの側面に穴をあけてから、水を入れます。普通に置いておけばもちろ

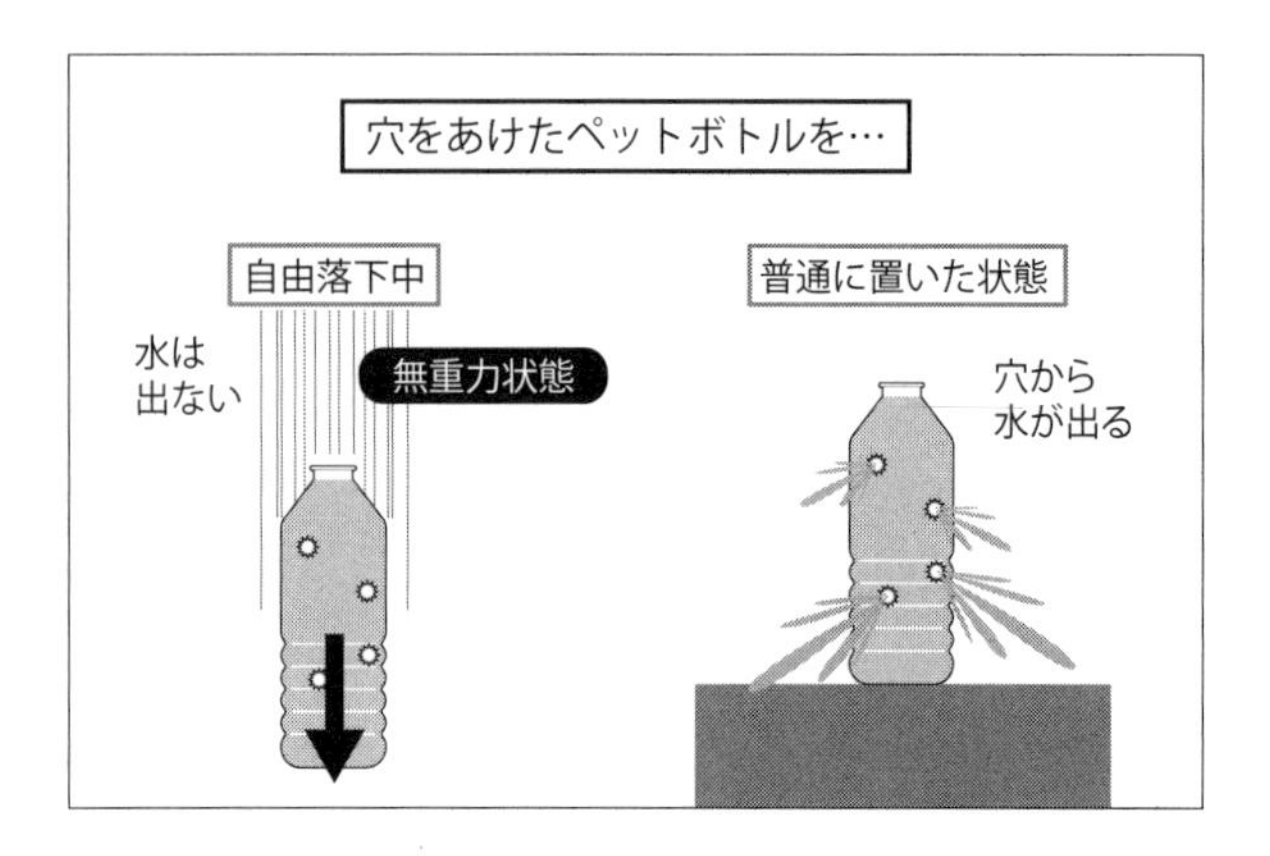

ん、重力によって穴から水が出てきます。しかし、このペットボトルを落下させると水が出なくなるのです！　それは、落下しているペットボトル内が無重力状態になっているからなのですね。

見えない力 No.13

飛ぶ方向が変わると飛行機の重さは変わる

日本から飛行機に乗ってアメリカへ向かうときとヨーロッパへ向かうときでは、同じ飛行機でもその重さは違っています。そして、そこに乗っているあなたの体重も違っているのです。

「そんなバカな」と思うかもしれませんが、これは事実です。

これは、**遠心力**の影響です。

地球上にあるものは、そもそも地球の自転と同じ速度で回転しています。ですので、地球上でじっとしているだけで遠心力を受けています。その上でさらに地球上で動くと、その分だけ回転速度が変化するため、遠心力も変化します。

地球の自転は東向きなので、東へ動く場合は「**自転の速度**」と「**自分で動く速度**」が

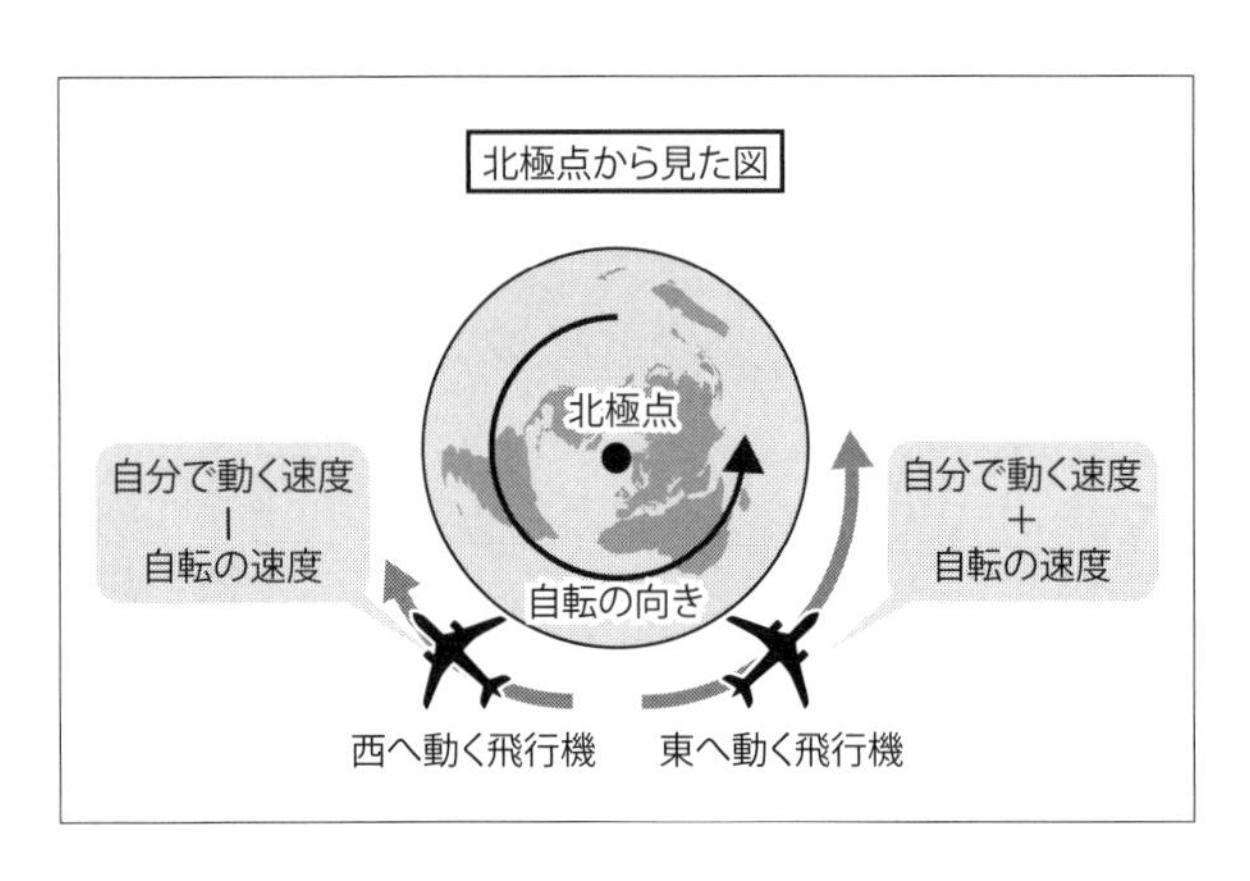

足し合わされますが、西へ動く場合は「自転の速度」と「自分で動く速度」が引き算されます。だから、上図に示したように東へ動く飛行機の方が回転速度が大きくなるのです。
そして結果として、東へ動く場合の方が大きい遠心力を受けることになります。
遠心力は重力を打ち消す向きに働くので、東へ移動する飛行機、そして乗っている人の方が軽くなるのです。

もちろん、これはほんのわずかな変化です。実際には、飛行機に乗っても「なんだか身体が軽くなったなあ」などと感じることはないと思いますが、方向が変わるだけで重さが変わるというのは面白いですね。

見えない力 No.14

宇宙空間に浮くガラスを叩いたら割れるか？

この項では、宇宙の無重力状態について考えてみたいと思います。

宇宙空間で、フワフワと漂っているガラス板があるとします。これを思い切りハンマーで叩きました。

さて、ガラス板は割れるでしょうか？

宇宙空間でも地上と同じように、思い切り叩けばガラスは割れる、というのが正解です。

でも、無重力状態でフワフワ漂うガラスは、

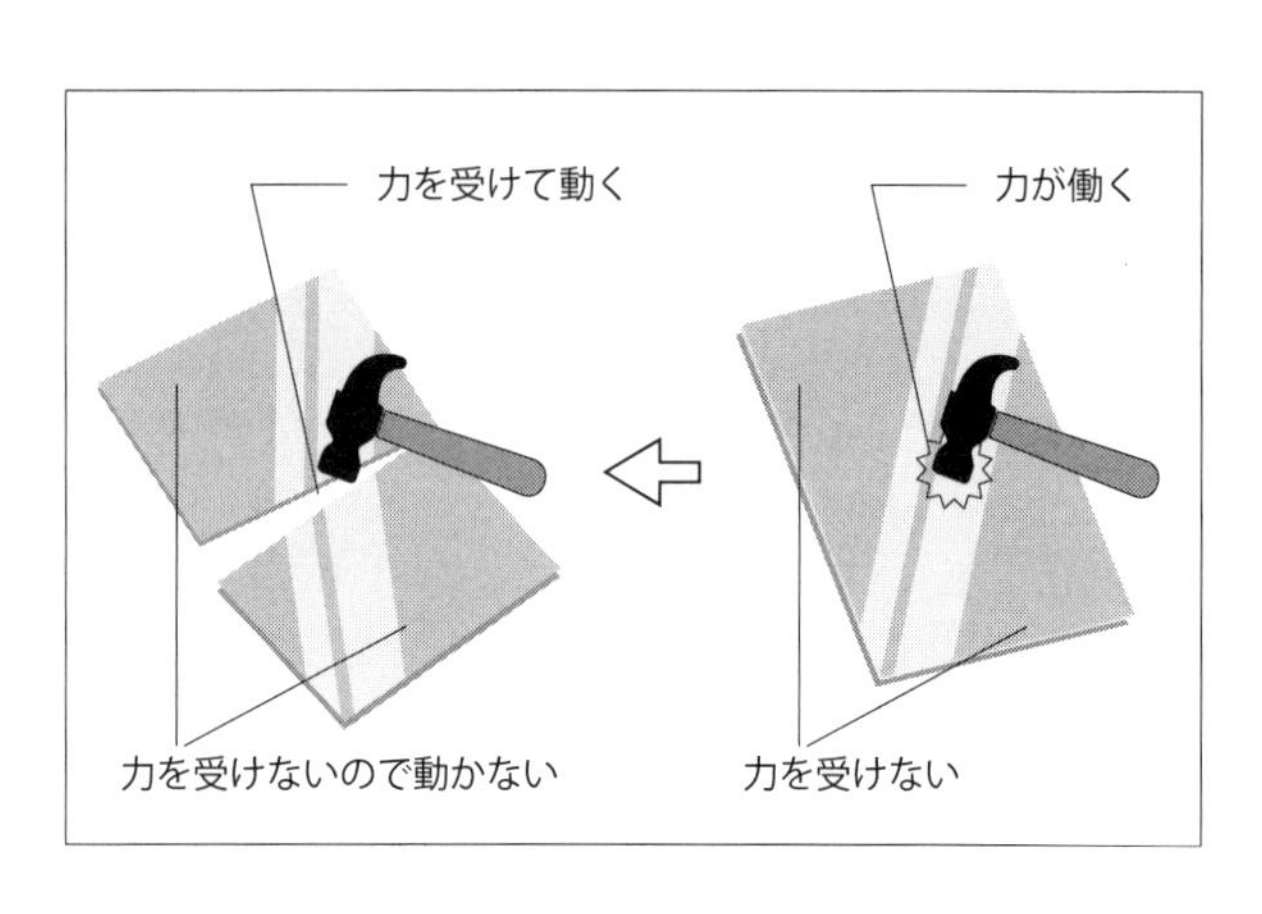

叩いても割れない感じがしませんか？　どうして割れるのでしょう？

その仕組みを考えてみます。

ハンマーで叩く前、ガラス板には力が働いていないので、その場にとどまっています。フワフワ漂っている状態です。

このことは、**「物体に力が働いていないとき、静止した物体は静止しつづける」**という「慣性の法則」で理解できます。

ここで、ハンマーでガラス板を叩いたときのことを考えます。

ハンマーの力はガラス板に部分的に加わります。その結果、ガラス板には力が働く部分と働かない部分ができます。そして、力を受けた部分は動かされますが、力を受けない部分は慣性の法則により、静止しつづけようとするのです。

この**「動く」「動かない」の差**がガラスにひずみを与え、それがガラスの耐えられる限度を超えればガラスが割れるのです。

というわけで、宇宙空間であっても地上と同じようにガラスは割れることになるのです。

物理の法則を使って考えると、地上にいながら宇宙で起こることが理解できます。そして、実験を通してそれを確認しているのが宇宙飛行士なのです。

第3章
温度は意外と奥深い

温度 No.1

100度になっても沸騰しない水は簡単に作れる

1気圧のもとで100度に加熱された水は沸騰します。1気圧のもとでの水の沸点が100度だからです。1気圧未満の場合は沸点が100度より低くなりますが、やはり沸点に達した水は沸騰します。

ところが、沸点まで加熱しても沸騰しない水（お湯）を作ることができたら驚きませんか？　じつは、次のような方法で沸点に達しても沸騰しない水を作ることができます。

左図に示した水の温度は、どちらもともに沸点です。同じ温度なのに、一方だけ沸騰してもう一方は沸騰しないという不思議なことが起こるのです。

じつは、**水は沸点に達しさえすれば沸騰するというものではありません**。沸点に達したあとも、さらに熱を受け取らなければ沸騰しないのです。沸騰するためには熱が必要

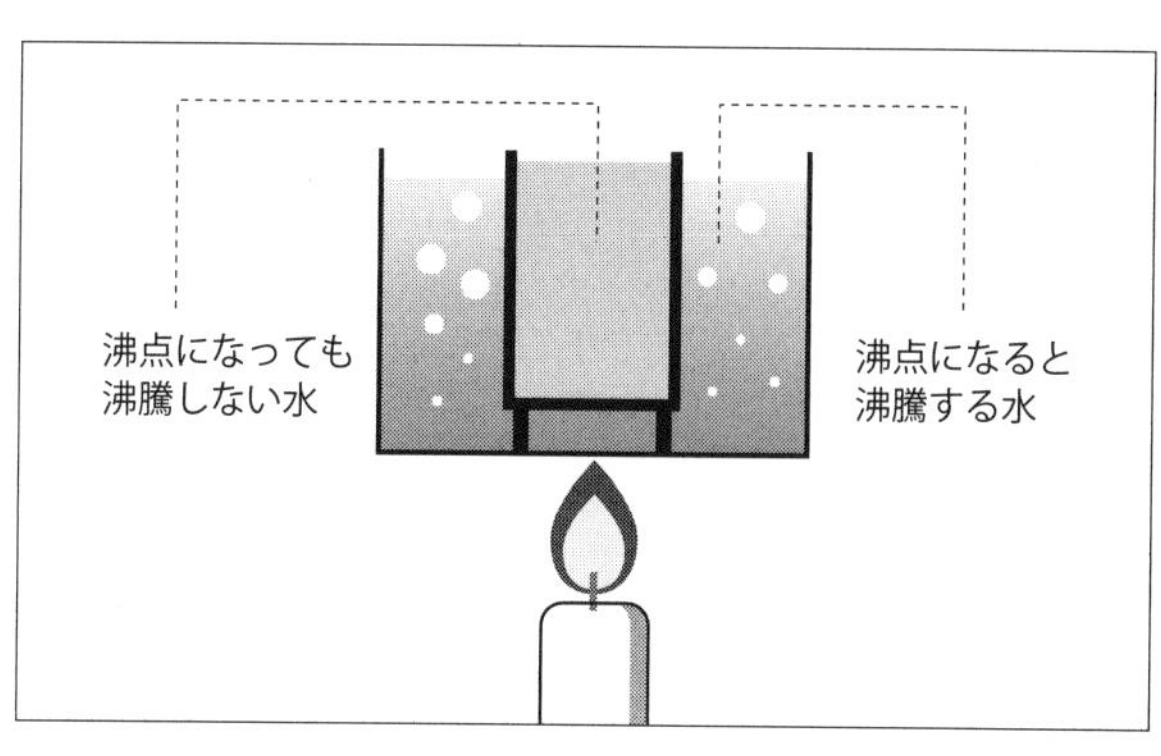

なのです。

　上図の外側の容器に入っている水へは熱が供給されつづけるので、沸騰するための熱を受け取りつづけることができます。

　しかし、内側の容器に入った水へは、沸点に達するまでの熱は与えられるのですが、沸点に達すると熱が与えられなくなります。外側の水と同じ温度だからです。

　熱は、高温の物体から低温の物体へと移動します。ですので、内側の水の温度が外側より低ければ熱を受け取ることができますが、同じ温度では熱をもらうことができません。つまり、**沸騰するための熱を得ることができない**のです。

　沸点に達しても沸騰しない不思議な水は、案外簡単に再現できるのですね。

温度
No.2

100度近い高温のサウナでやけどしないのはなぜ？

サウナが好きでよく入るという人も多いと思いますが、サウナの中はどのくらいの温度か知っていますか？

じつは、サウナの中は90度ほどの高温になっているのです。

もしも、90度のお湯に入ったらどうなりますか？ すぐにやけどしてしまいますよね。

でも、サウナなら大丈夫です。その理由は何なのか、考えてみましょう。

【理由1】発汗による気化熱

サウナの中では大量の汗をかきますが、汗が蒸発するときには周囲から熱を奪っていきます。これを**気化熱**といいます。夏の暑い日に打ち水をすると涼しくなるのと、まったく同じ仕組みです。

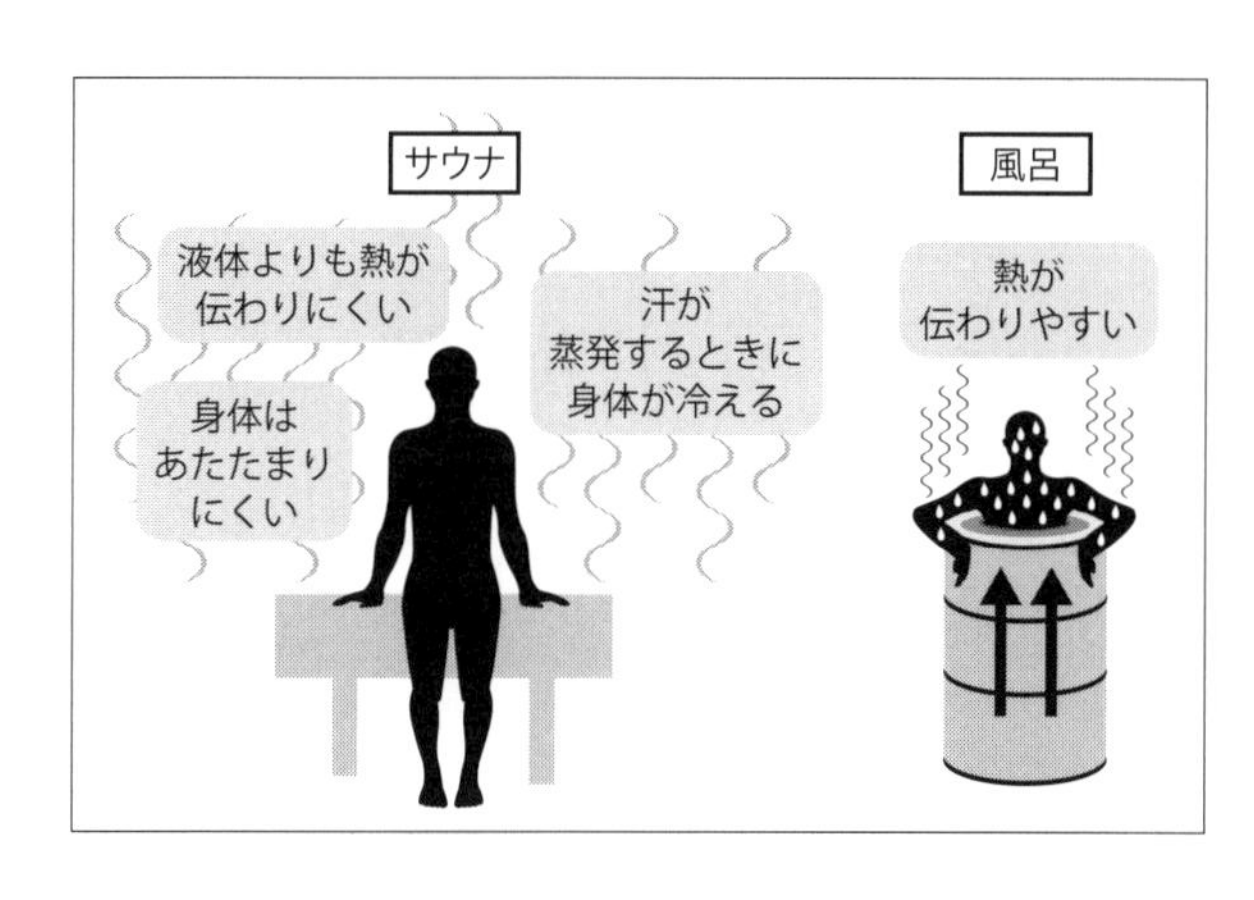

サウナの中は高温なので、汗がどんどん蒸発していきます。そのときに、**身体から熱を奪っていく**ため、身体を冷やしてくれるのです。

【理由2】空気の熱伝導率は小さい

空気は水に比べて、非常に熱を伝えにくい物質です。もし90度のお湯の中に入れば、その熱がどんどんと身体へ伝わってくるので大変ですが、**空気の場合は熱がゆっくりと伝わってきます**。ですので、限られた時間であれば高温のサウナに入っても大丈夫なわけです。

【理由3】空気の比熱は小さく、
身体の比熱は大きい

空気は**比熱**が小さな物質です。比熱とは、その物質1グラムの温度を1度上昇させるのに必要な熱量のことです。

水は比熱が大きい物質です。人間の身体全体も60～70％が比熱が大きい水分でできているため、比熱が大きいのです。よって、体温を上げるためにはたくさんの熱が必要となります。一方、空気は比熱が小さいので、少しの熱を放出しただけで、すぐに温度が下がってしまいます。

このような理由で、身体のすぐ近くの空気は体温を充分上げる前に温度が下がってしまうというわけです。

高温でもやけどしない仕組みが理解できれば、安心してサウナに入れますね。

温度 No.3

味噌汁でのやけどは水でのやけどよりもひどい

世の中に存在するすべてのものは、無数の原子や分子というきわめて小さな粒子でできています。それらはものすごく小さいので、私たちは直接見ることができません。だから、それらがどんなふうに動いているのか見たことがないだけでなく、考えたこともないかもしれません。

じつは、それらはじっと止まっているわけではなく、**非常に激しく動いているのです。**

例えば、目には見えないけれども常に私たちの周りに存在する空気。ほとんどは窒素分子と酸素分子ですが、気温15度のときの窒素分子の平均速度は秒速約５１０メートル、酸素分子の平均速度は秒速約４７０メートルにもなります。これは、とてつもない速さですね。

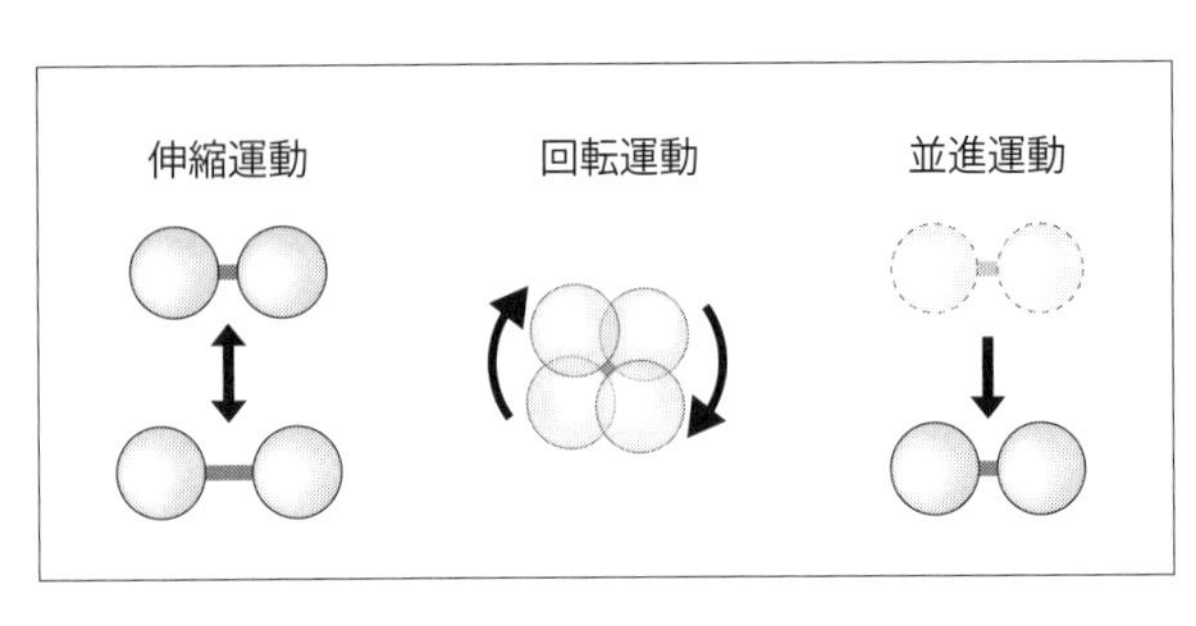

とはいえ、実際に気体分子が1秒間で400メートルも500メートルも移動するということはありません。気体分子は無数に存在しているため、すぐに別の分子に衝突してしまって直進できないからです。

分子は激しく動いているため、**エネルギーを持っています**。これは、並進運動（移動）によるエネルギーと考えることができます。

分子は並進運動以外の運動もしています。例えば、回転運動です。また、分子はいくつかの原子が結合してできたものですが、原子間の距離は一定ではなく伸縮しています。1秒間に10兆〜1000兆回もの伸縮運動をしているのです！

例えば、二酸化炭素分子は赤外線を吸収して原子間の伸縮運動のエネルギーとして蓄えます。地球から放射される

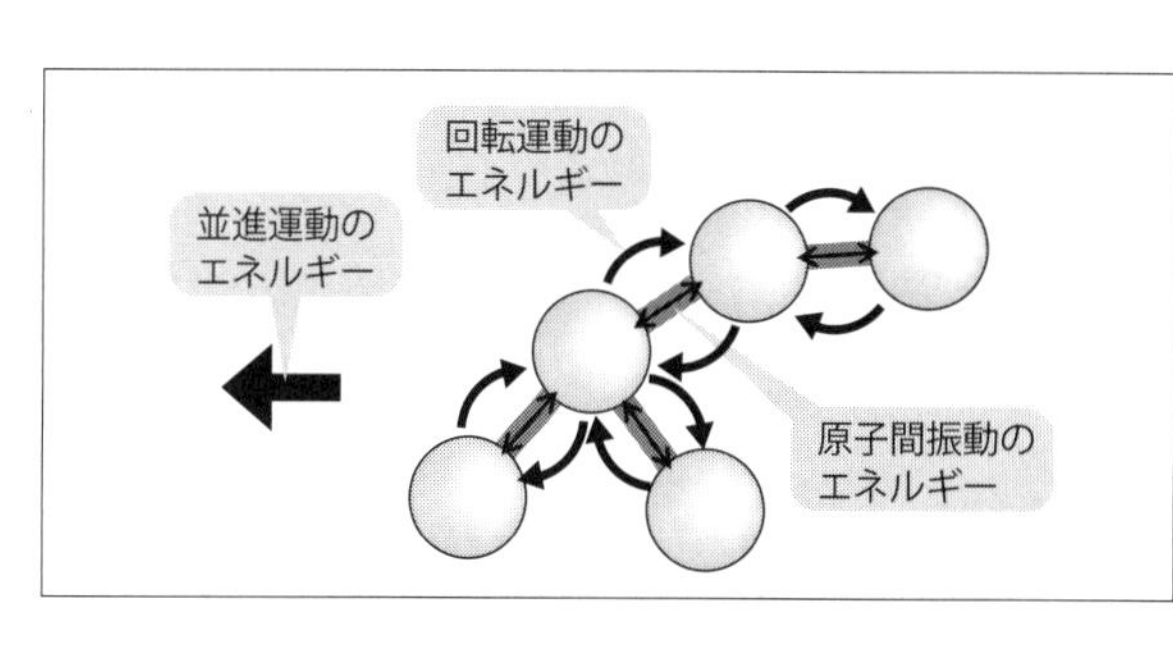

赤外線を二酸化炭素分子が吸収するため、宇宙空間へ放出されず温暖化が進むというわけです。

以上のように、分子はいろいろな形のエネルギーを持っているので、**分子のエネルギーの大きさは温度だけでは決まらず、分子の大きさによっても変わってきます**。

たくさんの原子が結合してできた大きな分子は、たくさんの回転運動や原子間振動をすることができるので、大きなエネルギーを持っています。

例えば、水分子H_2Oは３つの原子が結合してできています。そのため、並進運動のエネルギー以外に回転運動のエネルギー、原子間振動のエネルギーを持っていて、それなりに大きなエネルギーです。

しかし、もっと大きい分子はたくさんあります。例えば、お湯を味噌汁に変えた場合、味噌汁の中の分子の大きさは

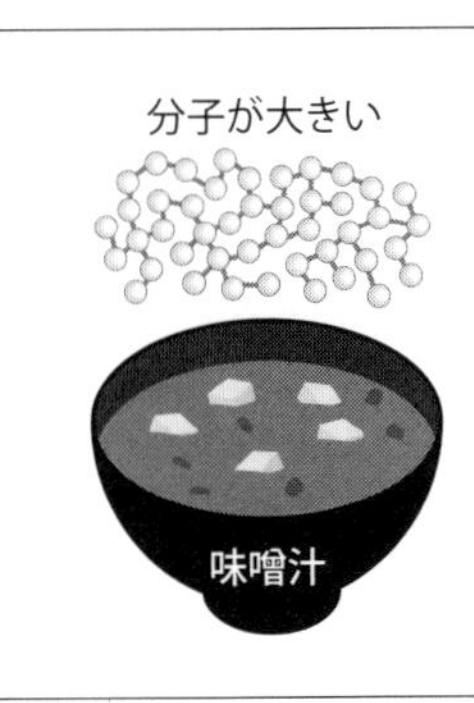

H_2Oとは比較になりません。だから、同じ温度のお湯と味噌汁を比較した場合、味噌汁の方がずっと大きなエネルギーを持っていることになります。温度が同じでも、お湯でやけどするより味噌汁でやけどした方がダメージが大きいのには、このような理由があるのです。

最近はあまり味噌汁を飲まないという人も多いですが、スープなどでも同様です。あわてて朝ご飯を食べているときこそ、やけどには要注意ですね。

温度 No.4

金属を貼り合わせるだけでスイッチになる

金属は、温度が上がると膨張します。これを**熱膨張**といいますが、膨張する度合いは金属の種類によって違います。例えば、同じ温度上昇に対して鉄よりもアルミニウムの方がより膨張します。

金属のこの性質を利用すると、温度によって自動的にオン・オフするスイッチを作ることができます。これは、身近なところでよく使われています。

このスイッチは、「**バイメタル**式スイッチ」と呼ばれています。「バイ」とは「２つ」という意味で、異なる２種類の金属（メタル）を重ねたものが「バイメタル」です。

ここで、仮に金属Ａの方が金属Ｂより熱膨張の度合いが大きいとします。すると、温度が上がったときにバイメタルはどうなるでしょう？

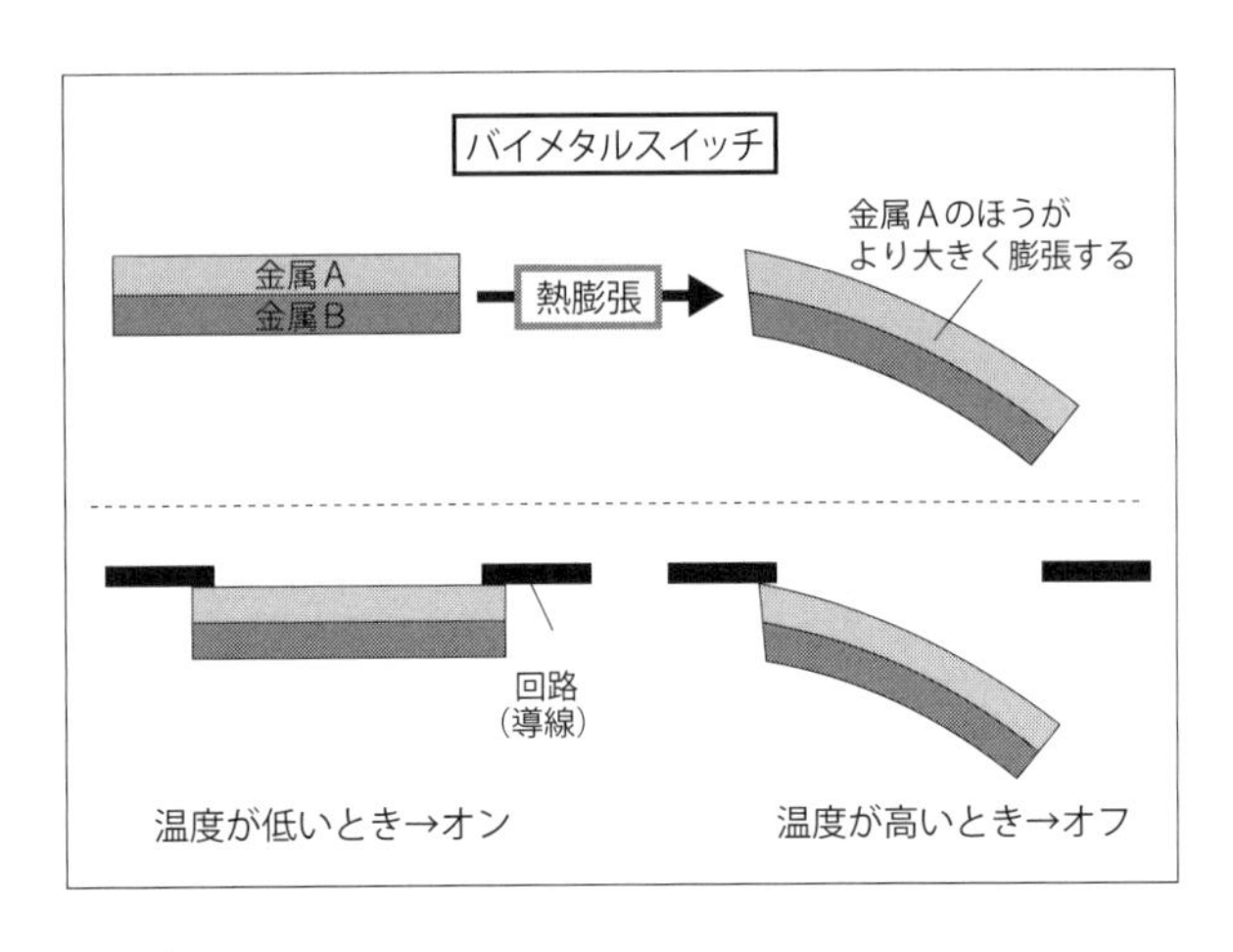

Aの方がより膨張するのですから、上図のように湾曲しますよね。これが、このスイッチのポイントです。

バイメタルをスイッチに利用すると、このように「温度が上がればオフに、温度が下がればオンになる」ということが自動的に実現されるわけです。

バイメタル式スイッチは、例えばコタツに使われています。ある温度に達するとスイッチが切れ、下がれば再びつくタイプのものです。鍋用のプレートでも、温度が上がりすぎないようにバイメタル式スイッチが使われていることがあります。

また、バイメタルはスイッチだけでなく、

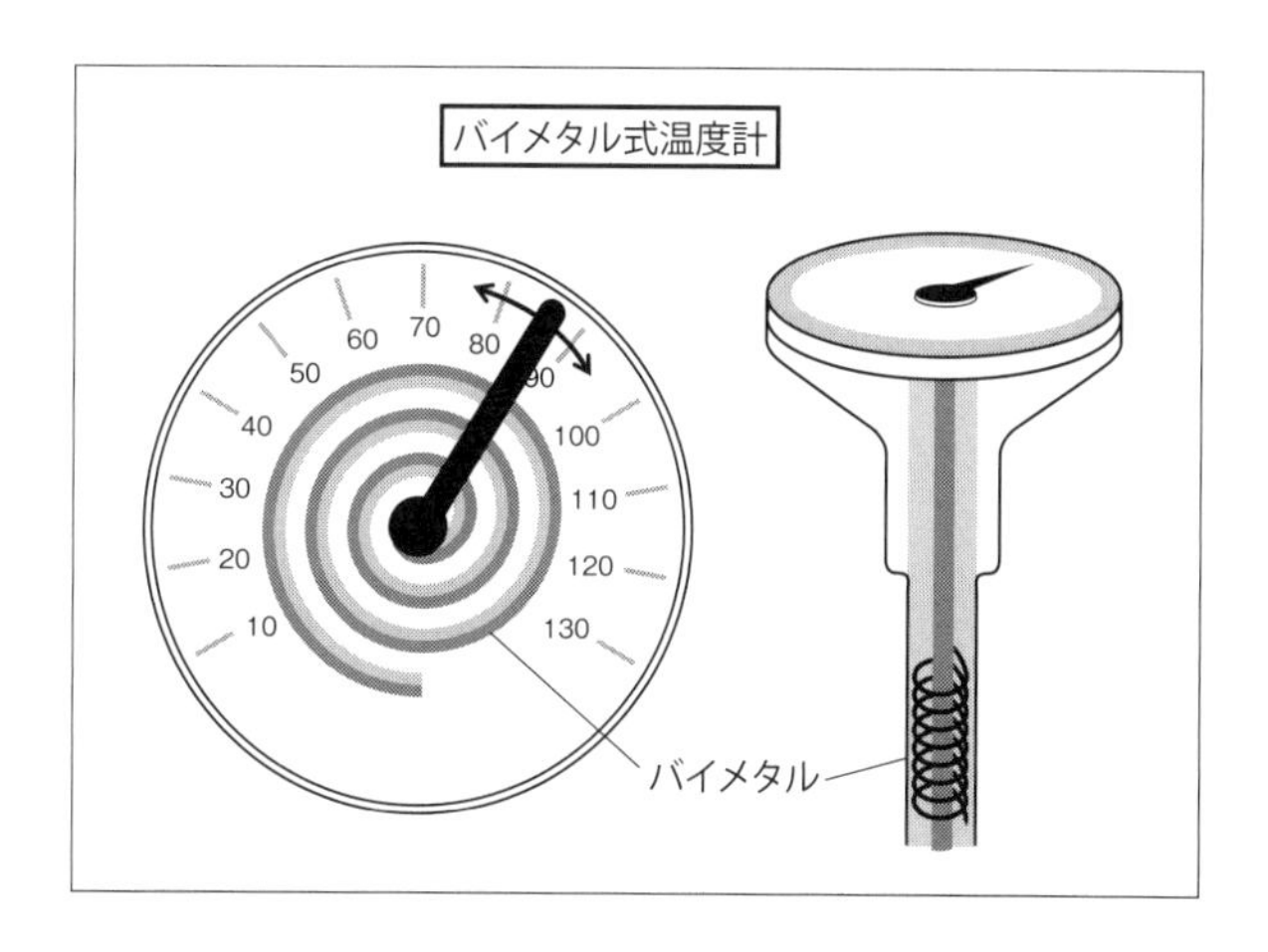

温度計としても利用されています。バイメタル式温度計は、特に高い温度を測るのに便利で、油の温度などを測るクッキング温度計として利用されています。

温度によって自動的にオン・オフするスイッチは、ものすごくシンプルな仕組みで作られていたんですね。

温度 No.5

地球は自分の温度を調節できる

地球温暖化が、人類の大きな課題となっています。でも、そもそも地球はそんなにやわではありません。ちょっとやそっとのことでは気温が変化しないよう、自分で自分の気温をコントロールする力を持っているのです。

その仕組みはいくつもありますが、ここではその中のひとつの**「熱ポンプ」**とも言える仕組みを紹介します。

地球は、左図のようにして**地球上の熱を宇宙へ放出しています**。海水が蒸発することで地上の熱を吸収し、その熱を水蒸気が上空へ運び、再び水滴に戻るときに放出するというわけです。上空で放出された熱の一部は、宇宙空間へ逃げていきます。

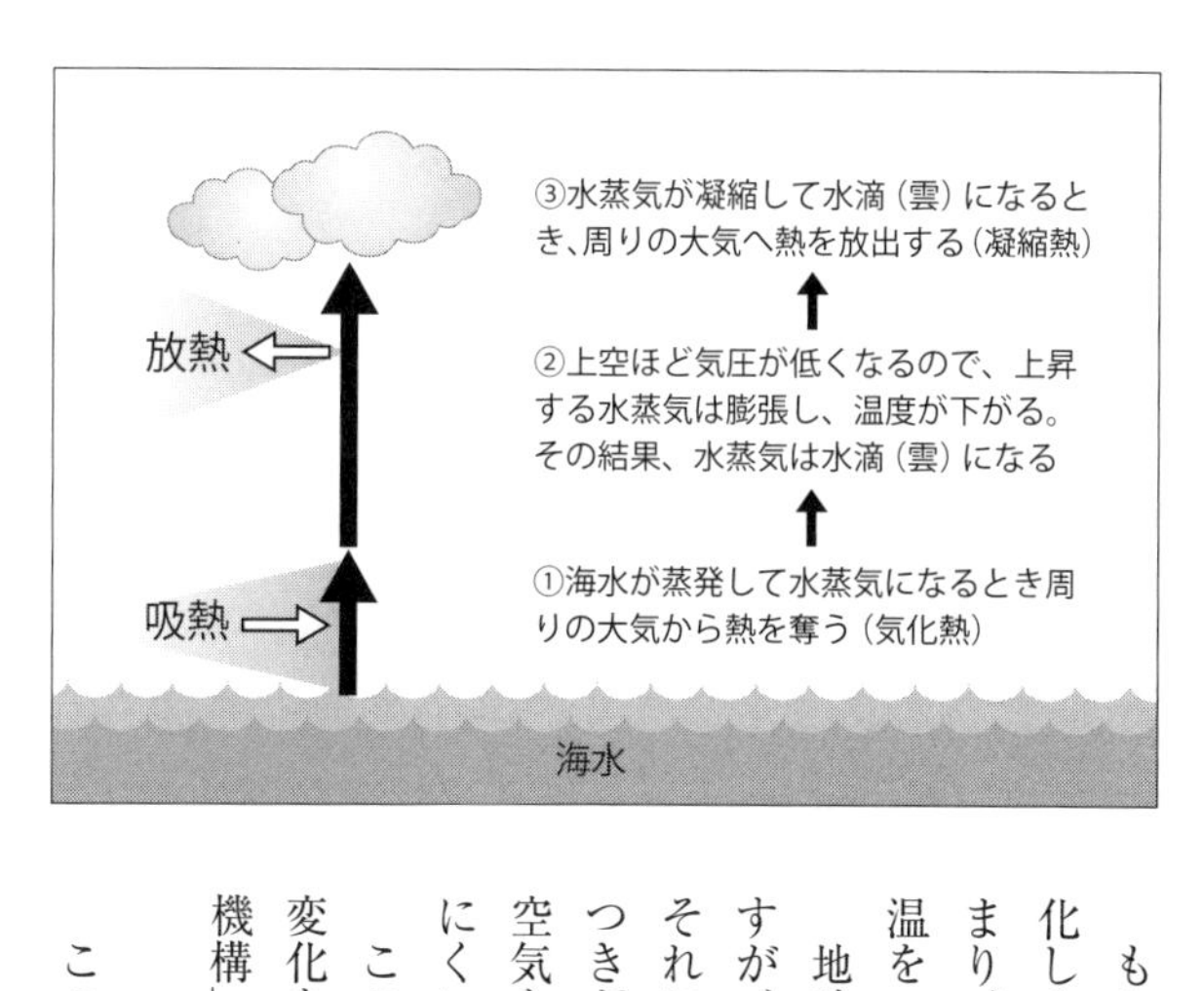

もし地上の気温が上がれば、この働きは活発化します。**海水の蒸発量が増える**からです。つまり、この仕組みによって地球は自分自身の気温を一定に保とうとしていると言えるのです。

地球の平均気温は年々少しずつ上昇していますが、年によるばらつきはほとんどありません。それに比べて、北極の平均気温は年によるばらつきが大きくなっています。北極は温度が低く、空気も乾燥しているため、前述の仕組みが働きにくいためです。

このように、何か変化が起こったときにその変化を和らげようとする仕組みのことを「緩衝機構」といいます。

この項で挙げたのは緩衝機構の一例であり、

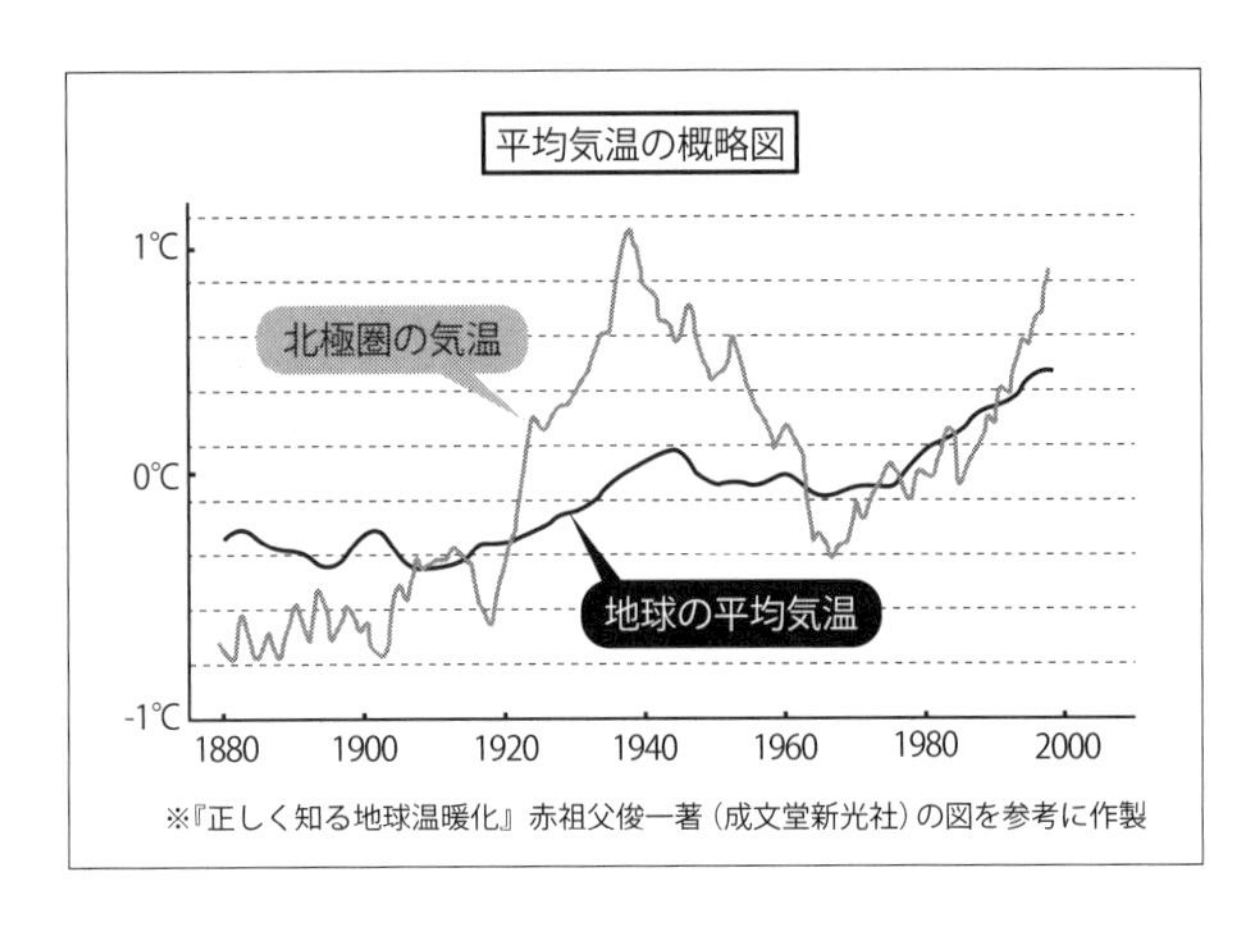

※『正しく知る地球温暖化』赤祖父俊一著（成文堂新光社）の図を参考に作製

地球は他にもたくさんの緩衝機構を持っています。

例えば、空気中の二酸化炭素濃度が上昇すると、二酸化炭素の圧力が大きくなって海水中にたくさんの二酸化炭素が溶けるようになります。このようにして二酸化炭素濃度の上昇が緩和されるのも、緩衝機構のひとつです。

地球はもともと、変化を妨げる仕組みをたくさん持っています。それにも関わらず、地球の二酸化炭素濃度は上昇し、平均気温も上昇しているのです。

このようなことを理解すると、人間活動がいかに地球に負担をかけているか、より実感できるのではないでしょうか。

温度
No.6

山形で最高気温を記録していた理由

近年、夏の猛暑が話題となることが多くなりました。

例えば、たいへんな猛暑となった２００７年には埼玉県熊谷市と岐阜県多治見市で摂氏40・9度という、当時の日本の最高気温が相次いで記録されました。それまでは、１９３３年に山形市で記録された40・８度が最高でしたので、実に74年ぶりの記録更新となったわけです。

ところで、北の方に位置している山形が最高気温の記録を長い間持っていたというのは、意外な感じがしませんか？

気温が高くなるのにはいろいろな原因があるわけですが、山形が高温になるのには**フェーン現象**というものが関係しています。この項では、そのフェーン現象について説明します。

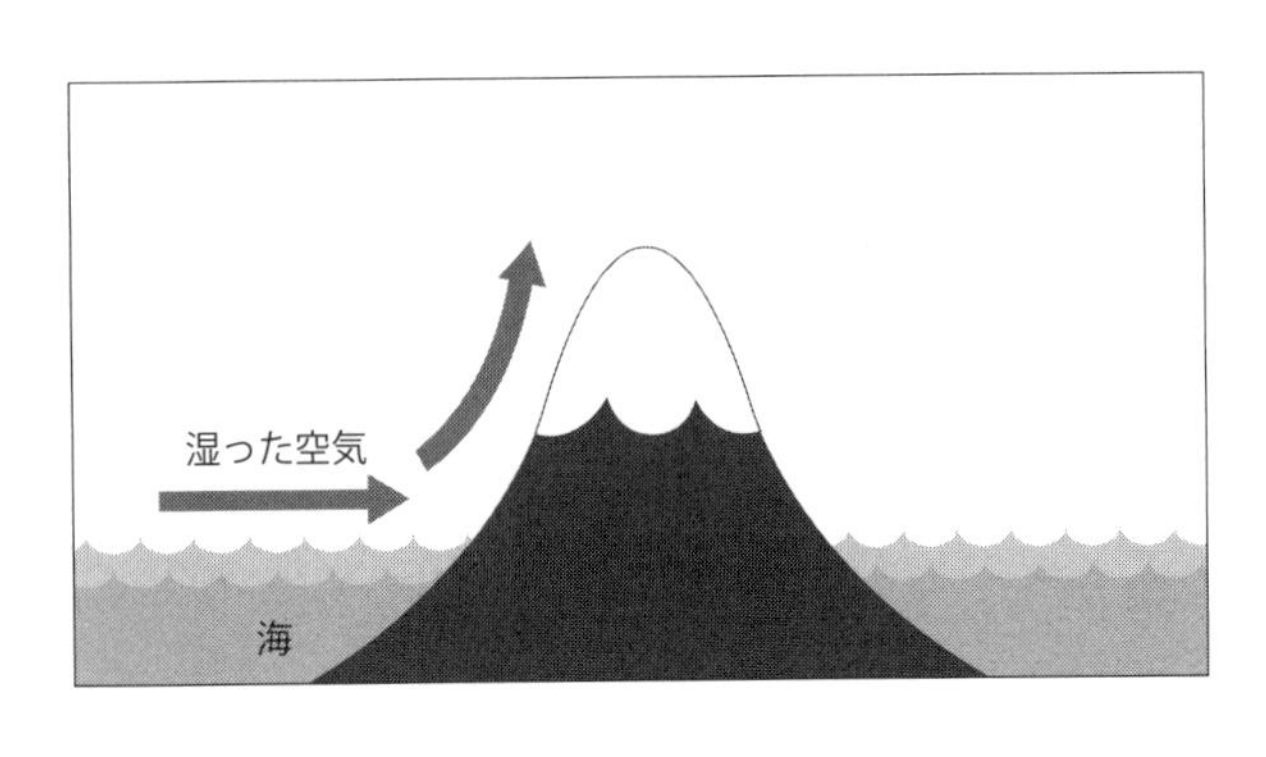

海沿いにある山に、海上を通り抜けてきた湿った空気がやってきます。この空気は、山にぶつかって上昇していきます。

標高が高くなるにつれて気圧は低くなるので、この湿った空気は膨張していきます。そして、空気は膨張すると温度が下がります。膨張するためにエネルギーを使うからです。

湿った空気の温度が下がると、水蒸気が水滴に変わっていきます。これが雲となって雨を降らせるため、空気中の水蒸気はどんどん減少していきます。

ここでポイントとなるのが、**水蒸気が水滴に変わるときに放出する熱**です。

気体が液体に変わるときには、熱を放出します。こ

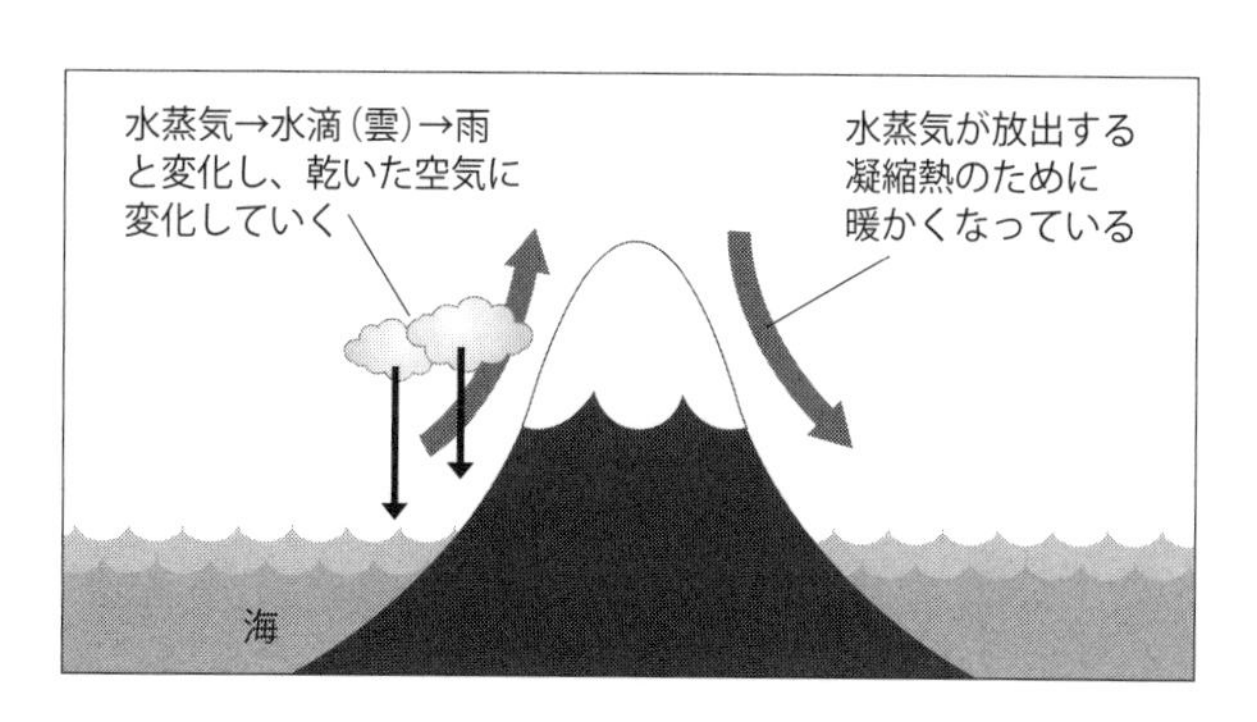
水蒸気→水滴（雲）→雨
と変化し、乾いた空気に
変化していく
水蒸気が放出する
凝縮熱のために
暖かくなっている
海

れを**凝縮熱**といいます。

水蒸気から放出された熱を空気が受け取り、空気の温度は上昇します。結果、山を越えてきた空気は、乾いた暖かい空気となるわけです。

山形は、フェーン現象が起きやすい土地であることから気温が高くなるのですね。

気温には、その土地の場所だけでなく地形が深く関係していることがよく分かります。

第4章

「見える」と「聞こえる」は波が支配している

波長
No.1

なぜ赤信号は世界共通で「止まれ」なのか？

赤は止まれ、青は進め。

小さい頃から知っているルールですから、今さら疑問にも思わないかもしれませんが、なぜ赤が止まれで青が進めと決められているのでしょう？　逆ではダメなのでしょうか？

じつは、これにはちゃんと理由があり、万国共通のルールとなっています。この項では、「赤は止まれ」となっている物理的な理由を説明したいと思います。

そもそも、色を持っているのは光です。光というのは、波の一種です。そして、光にはいろいろな色がありますが、それは**波長の違い**から生まれてくるものなのです。私たちの目に見える光を波長の長い方から並べると、左図のようになります。目に見える中

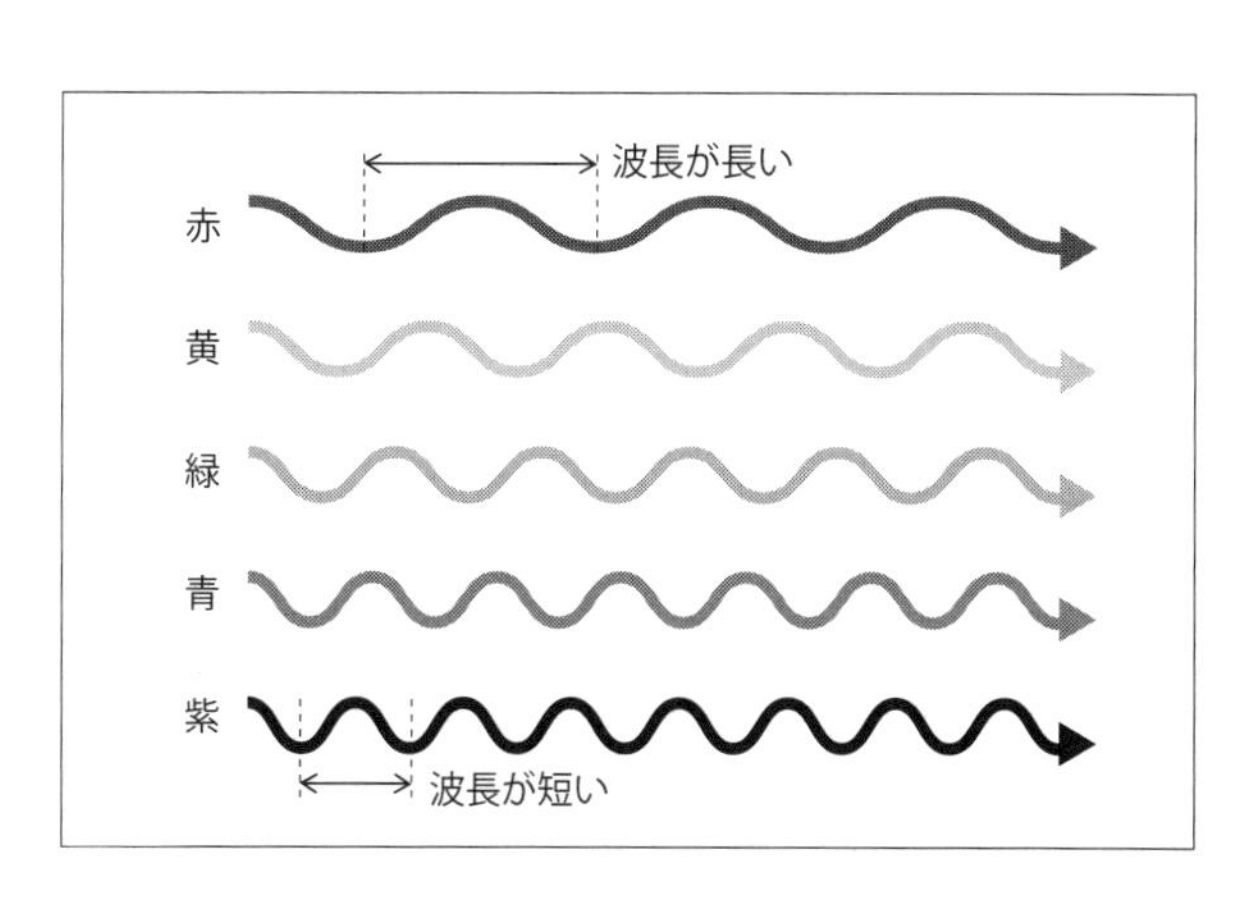

で一番波長が長いのは、赤い光であることが分かります。

ところで、光が空気中を進むときには、空気中に浮遊する塵（ちり）や埃（ほこり）、また空気自体によって散乱が起こることがあります。

このとき、波長が短い青色の光に比べて、波長が長い赤色の光の方が散乱が起こる確率は低くなります。

つまり、私たちが見ている光の中で**赤い光はもっとも散乱が起こりにくい光である**ことが分かります。

信号でもっとも重要なのは「止まれ」です。ですので、「止まれ」を示す光は見る人のところへ確実に届く必要があります。そこで、空気中でもっとも散乱が起こりにくい赤い光を使っ

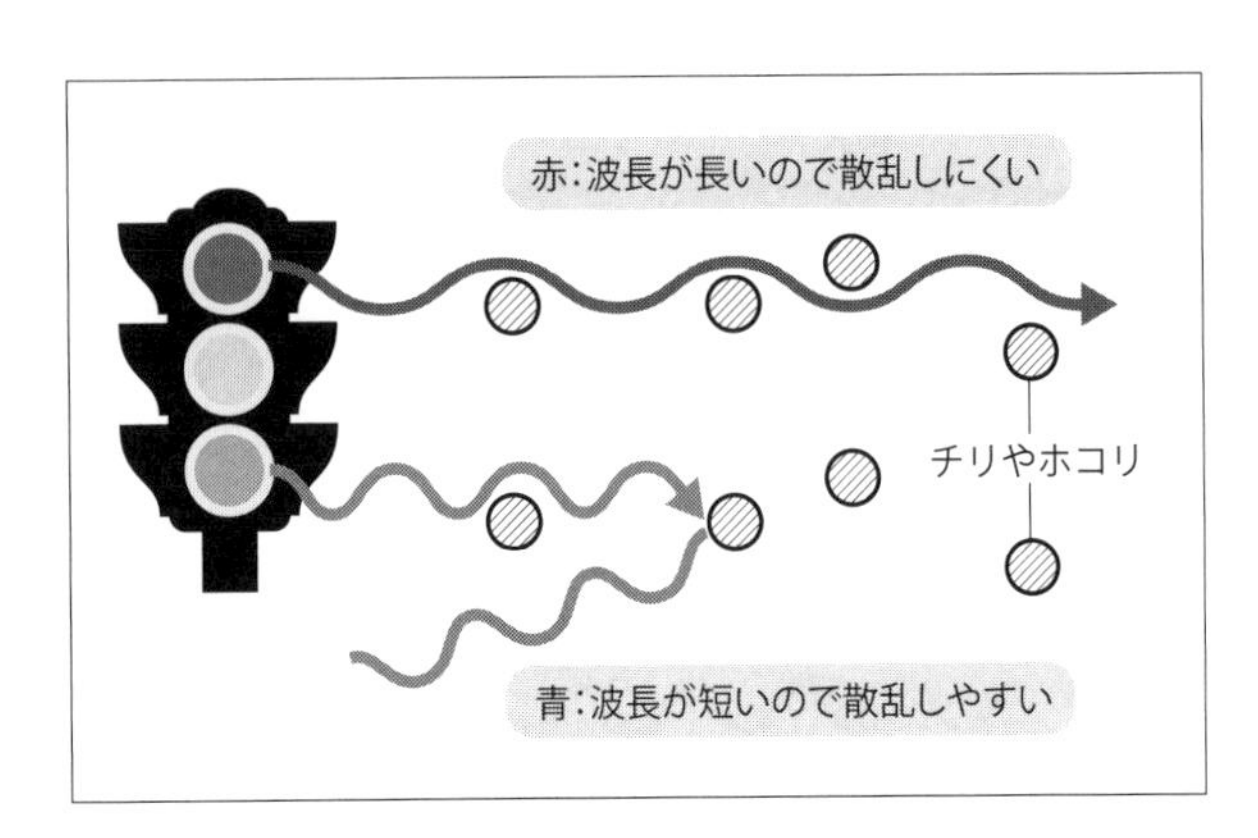

ているのです。

ちなみに、「進め」は青ですが、これは人間の眼で一番赤と区別しやすい色だからです。正確には、青緑色が赤と区別しやすい色となりますので、信号機によっては「進め」に緑に近い青が使われていることも多いのです。

今回は信号を例に説明しましたが、例えば消防車や救急車のサイレンの色が赤いのも、まったく同じ理由です。はっきり認識される必要がある場合には、赤色を使うことが多いのです。

身近なルールの中には、じつはたくさんの物理が潜んでいるのですね。

波長 No.2

専用メガネひとつで３Ｄ映像が見えるのはどうして？

最近は、映画館やテーマパークだけでなく、家庭用テレビでも３Ｄ映像が登場してきています。

３Ｄ映像を専用メガネを通して見ると、映像中の人やものが飛び出して見えたり遠くに見えたりして、迫力満点です。もともとは平面上（２Ｄ）の映像なのに、それが立体的に見えるのは何とも不思議ですよね。どんな仕組みで立体的な映像が見えるのでしょう？

片目をつむって試せば確認できますが、**私たちの右目と左目にはそれぞれ異なる映像が映されています**。このことをうまく利用すると、奥行きを感じる映像を作ることができるのです。

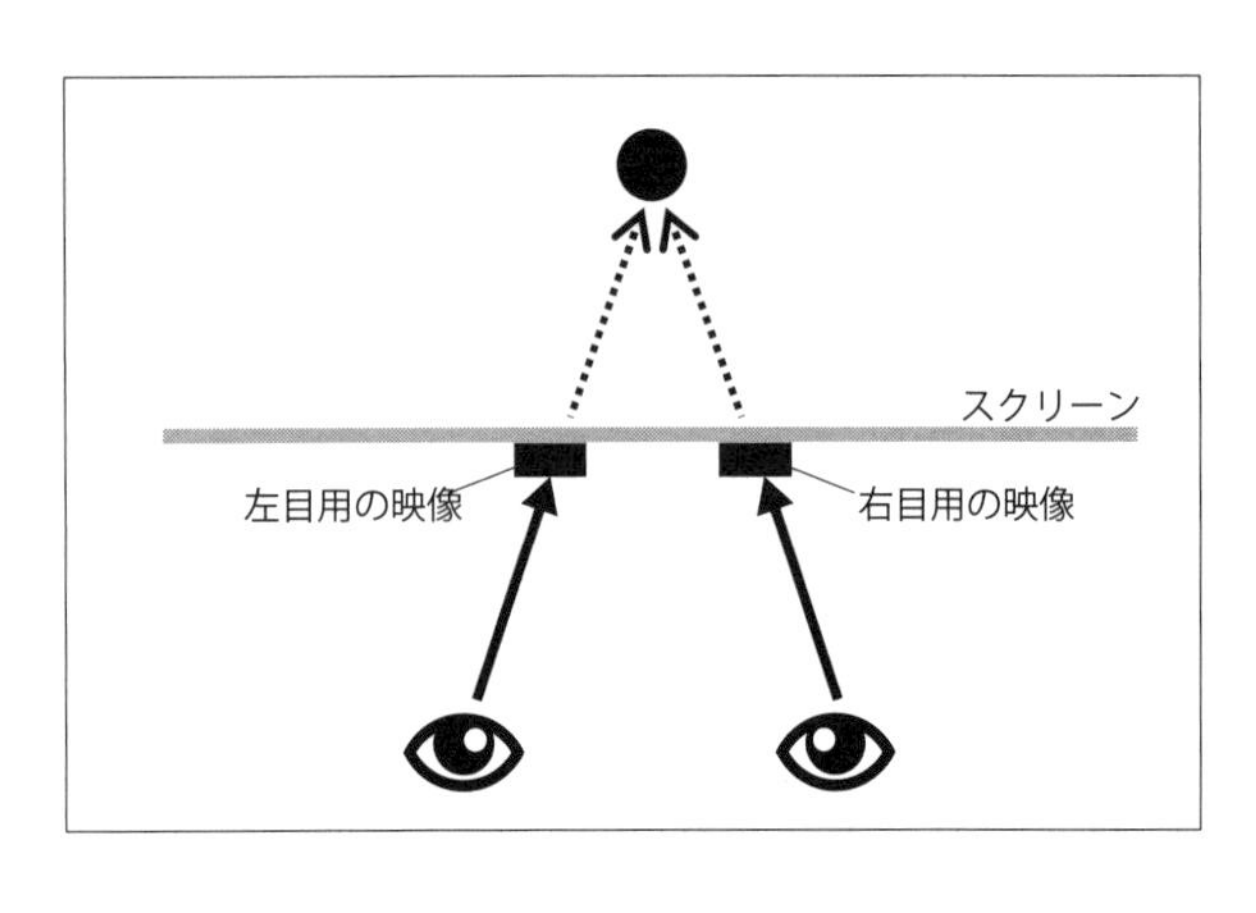

まずは、物体がスクリーンより奥にあるように感じさせる方法です。

上図のように、**右目用の映像と左目用の映像を別々に映し出す**と、脳は物体がスクリーンより奥にあるように認識します。

また、次ページの図のように映像を映せば物体が手前にあるように認識します。

ここで問題になるのが、どのようにして右目用の映像は右目だけに、左目用の映像は左目だけに見せるかということです。

このために必要なのが、専用グラスです。専用グラスにはいくつか種類がありますが、ひとつは左右交互にシャッターが開くタイプです。これにより、右目と左目が交互に映像を見るこ

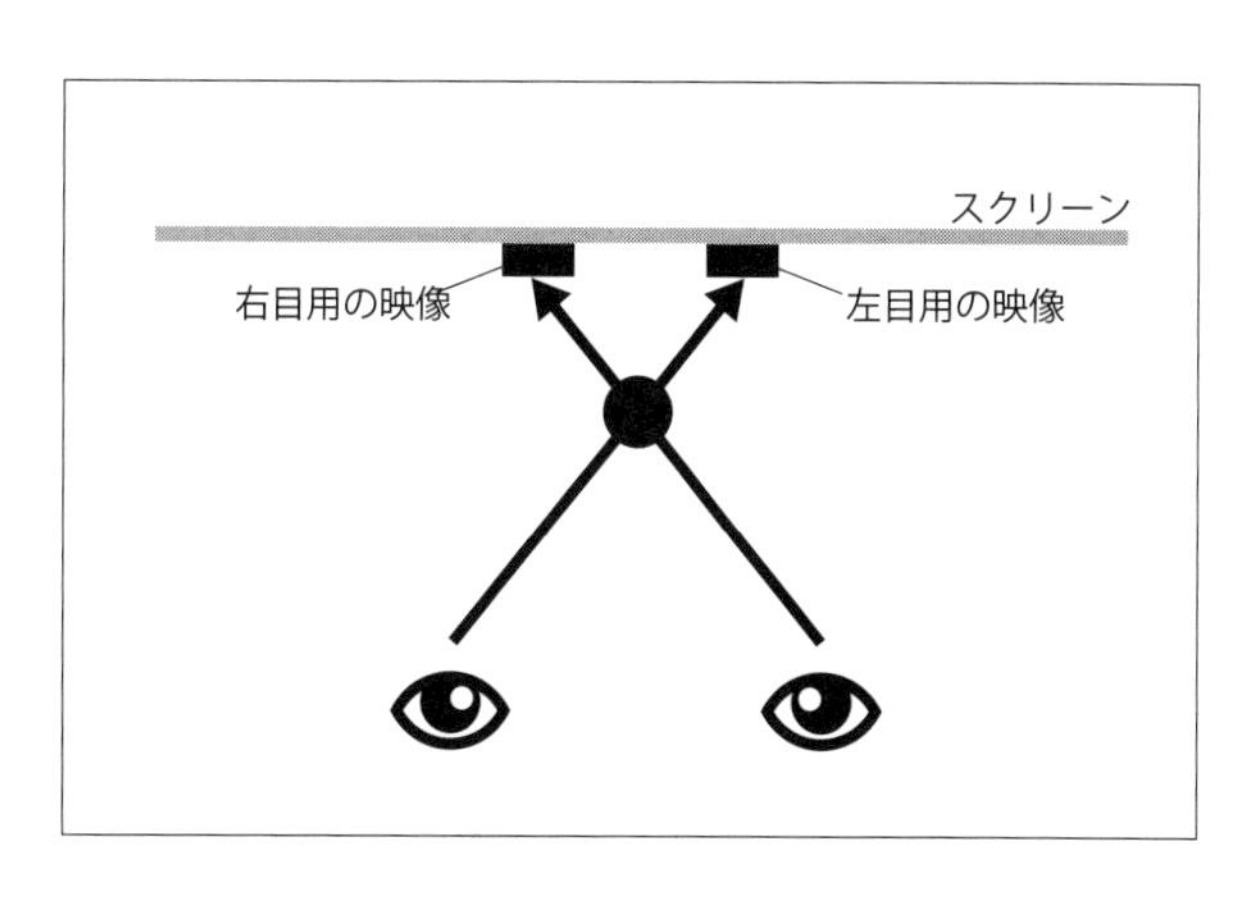

とになり、そのタイミングに合わせて**右目用と左目用の映像を交互に映す**という方法です。

その切り替えの速さは１２０ヘルツほど、つまり１秒間に１２０回、交互に映すという速さです。このくらい高速で切り替わるので、脳では同時に見ているように錯覚し、立体視できるのです。

また、シャッター方式ではなく偏光メガネを使うタイプもあります。

この場合、右目用の映像と左目用の映像はそれぞれ偏光という、一定方向にだけ振動する光になっています。右目には右目用の映像だけを通す偏光板、左目には左目用の映像だけを通す偏光板を使うのです。

3D映像技術は、テレビなどの質を向上させるだけでなく、いろいろな場面で利用されています。

例えば、大型施設の建設前に3D映像を使うことで、模型を作るよりも臨場感が生まれ、経費も削減できます。ロボットへ動きをプログラミングするときにも、実物の代わりとして利用できます。医療手術にも、3D映像が利用され始めています。

3D映像技術は、今後の私たちの生活を大きく変えていくかもしれませんね。

波長 No.3

オフサイドの誤審は仕方ない？

「私たちが見ているものは、すべて過去のものです」と言われたら驚くかもしれませんが、**物体から放たれた光が眼に届くまでには時間がかかる**ので、その分だけ過去のものを見ているわけです。

夜空にはたくさんの星が輝いて見えますが、その中には何億年も昔に放たれた光もありますし、もう存在しない星の光も含まれています。

太陽の光も、8分20秒前に放たれた光です。私たちはリアルタイムの太陽を見ることはできず、8分20秒昔の太陽しか見られないのです。重力も光と同じ速さで伝わるので、太陽から地球が受ける重力も8分20秒かかって伝わってきます。ですので、もし突然太陽が消えても、地球上で8分20秒間は太陽光が見え、太陽からの重力も感じられることになります。

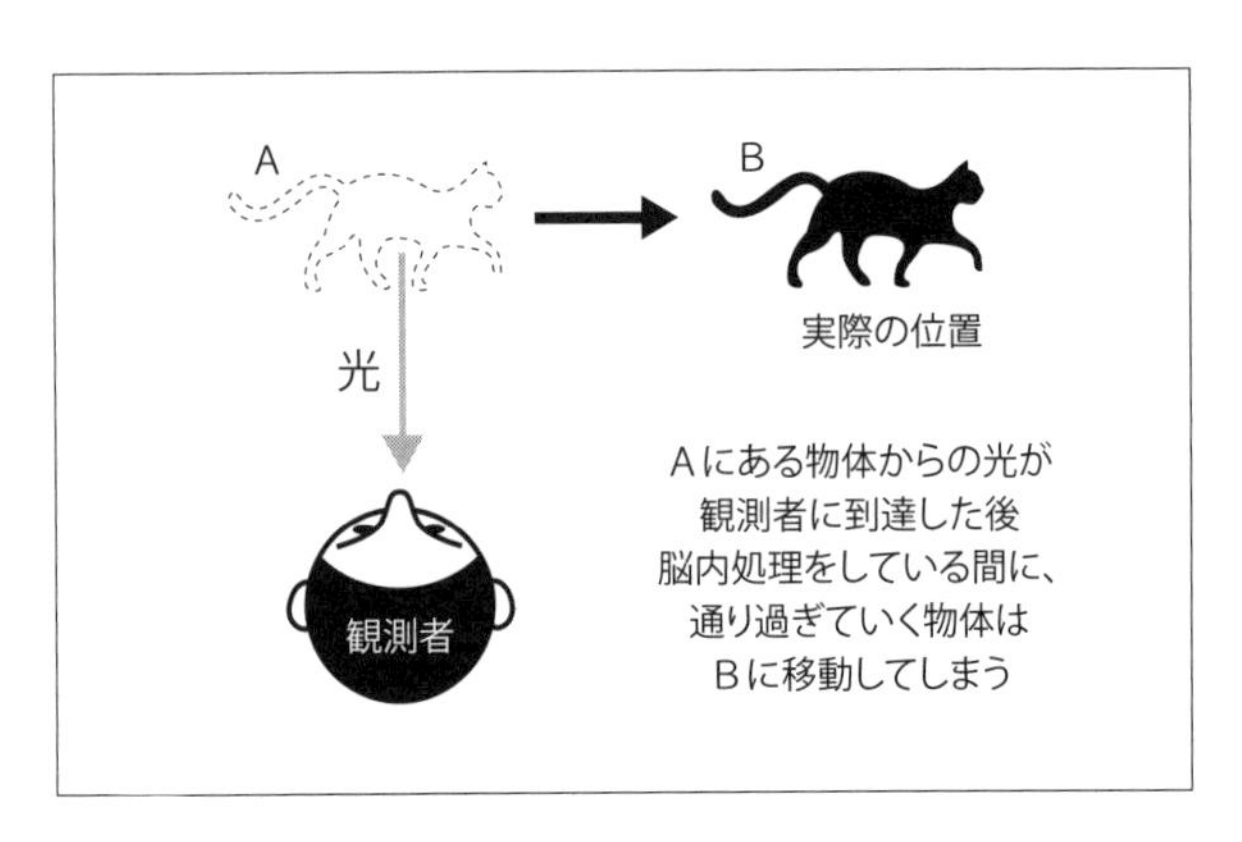
A
B
実際の位置
光
観測者
Aにある物体からの光が
観測者に到達した後
脳内処理をしている間に、
通り過ぎていく物体は
Bに移動してしまう

目の前にいる人を見るときも、ほんのほんのわずかですが、光が伝わってくる時間の分だけ過去を見ていることになります。

でも、この場合のずれは本当にほんのわずかで、むしろ光が眼に届いた後に脳内で処理するのにより多くの時間がかかります。

そこで、**人間は脳内処理による認識時間のずれを補正する能力を兼ね備えています。**

観測者の前を通り過ぎていく物体があるとします。物体が上図の位置Aにあるときの光を見て、観測者が物体を認識したとします。

このとき、脳内処理に要する時間の分、物体を認識するまでに時間がかかってしまいます。するると、観測者が物体を認識したときには、物

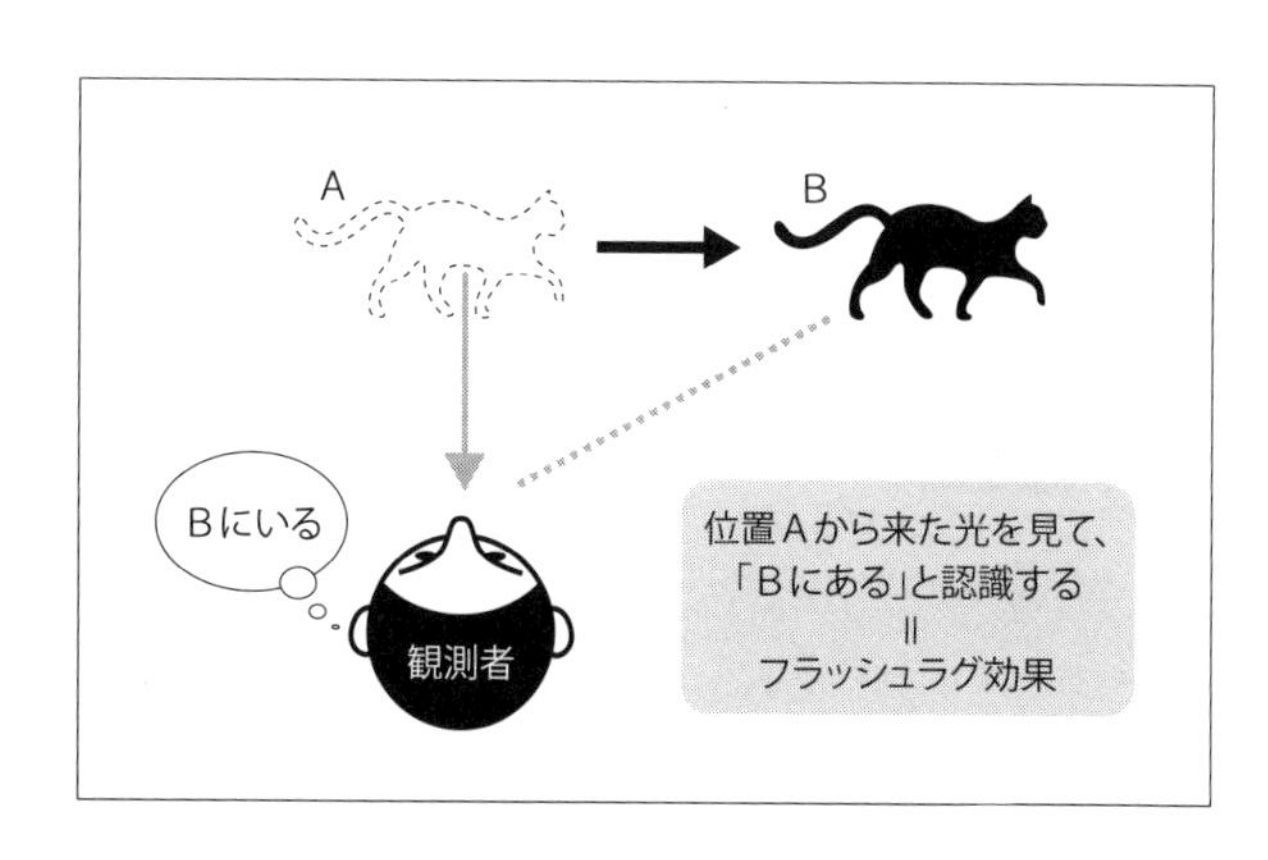
A
B
Bにいる
観測者
位置Aから来た光を見て、
「Bにある」と認識する
＝
フラッシュラグ効果

体はAより前方（図中のB）にいることになり、動いている物体の位置をリアルタイムで正しく認識できなくなるのです。

しかし、人間はそれを補正する能力を持っています。動いている速度に応じて、届いた光の情報より少し前方に物体があると認識するのです。これを**フラッシュラグ効果**といい、無意識のうちに行われます。

フラッシュラグ効果は私たちが動く物体の位置を正しく把握するのに役立つ反面、困った問題も引き起こします。サッカーのオフサイドの誤審がその典型例です。

フラッシュラグ効果は、動いている物体にしか働きません。止まっている物体は位置が変わ

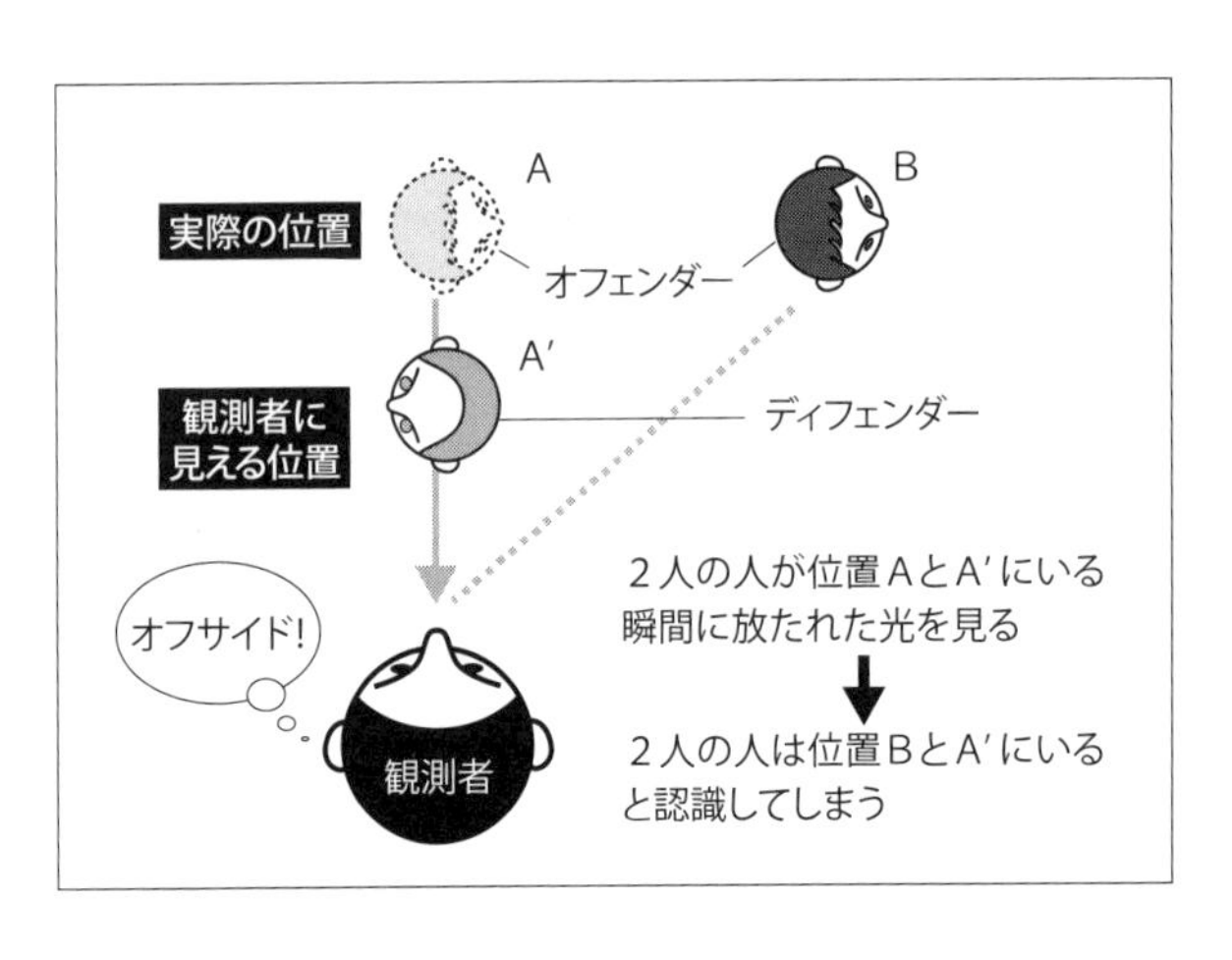

らないので、認識に時間がかかっても問題ないからです。ですので、動いている物体と止まっている物体を同時に見たとき、観測者は錯覚します。

本当は同時刻に真横にいても、フラッシュラグ効果が動いている物体にだけ働くため、片方だけが前方に飛び出しているように見えてしまうのです。

サッカーの場合、上図のように、本当はオフサイドではないのに、オフサイドに見え、誤審につながります。

人間が審判をする以上、誤審を完全に防ぐのは難しいのかもしれません。

波長 No.4

隕石が落下すると爆風が生じる理由

２０１３年、ロシアのウラル地方チェリャビンスク州を襲った隕石の落下・爆発のニュースを覚えていますか？　その被害は、半径１００キロメートルにも及んだというから驚きです。

これは、音速を超えて落下してくる隕石によって、**衝撃波**が発生したことが原因でした。この項では、その衝撃波について説明したいと思います。

衝撃波は、**音速を超えて進む物体が生み出すたくさんの音波**が、１２９ページの図のように重なり合うことで、生み出されます。そして衝撃波によって、爆音・爆風が生じます。

さらに、高速の物体の前方の空気は急激に圧縮されるため、超高温になります。今回の隕石は秒速約18キロメートルの速さで進んできましたが、その表面の空気の体積は数百万分の1に圧縮され、数万度という高温になったのだそうです。この高温の空気が光を放出していたのです。

そして、物体が飛び去ったあと、空気はすぐに膨張します。すると、今度は温度が低下するため雲ができやすい状態になりました。

じつは、衝撃波は隕石の落下だけでなくいろいろなところで発生しています。

例えば、イギリスとフランスで共同開発されたコンコルドです。コンコルドは、マッハ2という速度で飛ぶことができました。

マッハ2とは音速の2倍ということで、およそ時速2400キロメートルです。普通の旅客機はおよそ時速900キロメートルで飛びますので、いかに速いかが分かると思います。そのため、通常の旅客機よりもかなり短時間で航行することができました。

しかし、衝撃波によって大音響が発生してしまうことが大きな問題となりました。それに加え、燃費も悪く、1976~2003年には就航していましたが現在は利用されていません。

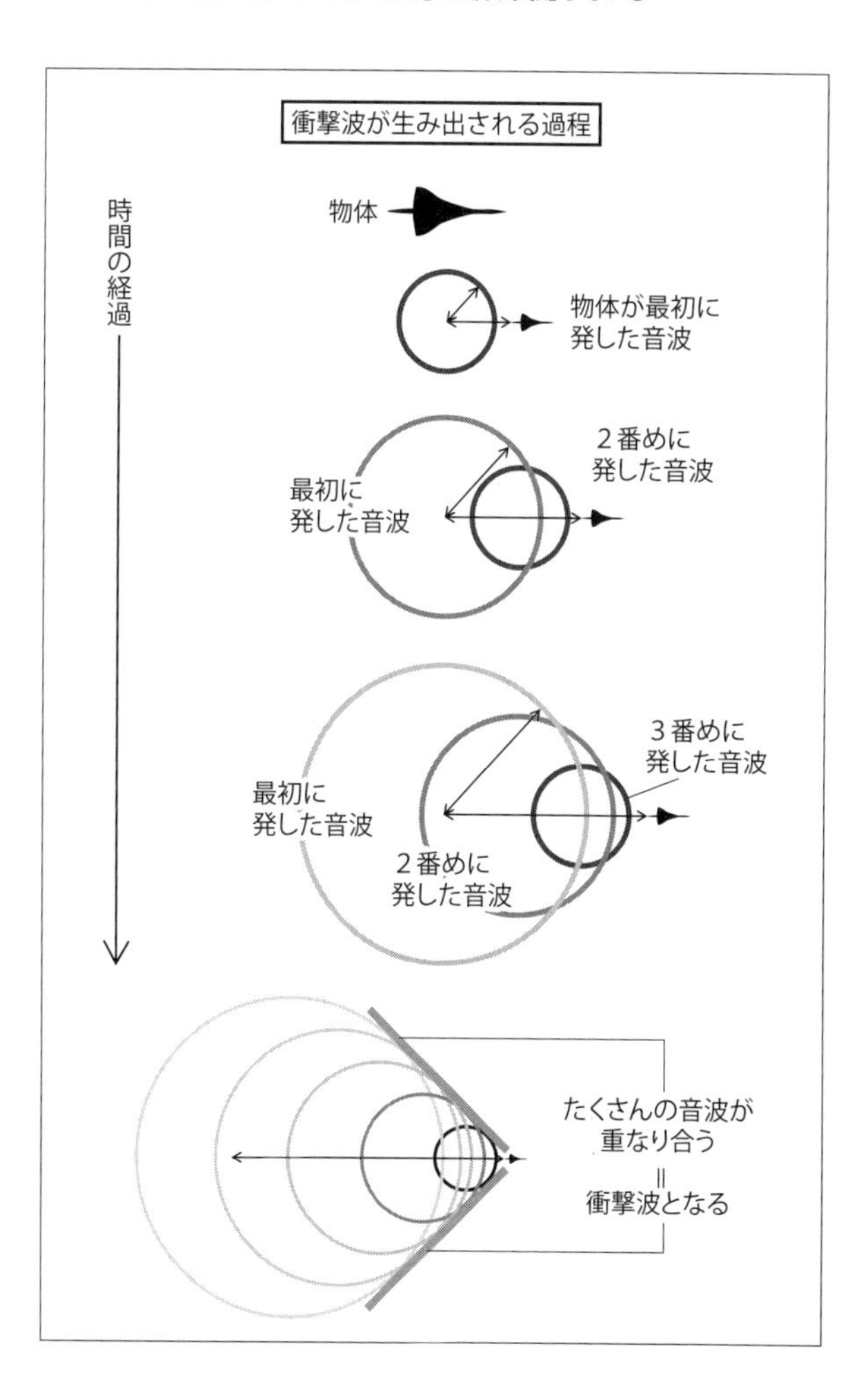
衝撃波が生み出される過程
時間の経過
物体
物体が最初に
発した音波
2番めに
発した音波
最初に
発した音波
3番めに
発した音波
最初に
発した音波
2番めに
発した音波
たくさんの音波が
重なり合う
||
衝撃波となる

また、トンネルを作る工事などでダイナマイトを爆発させると、爆発によって無数の物体が音速以上に加速されて衝撃波が発生します。この衝撃波を**爆轟波**（ばくごうは）といい、マッハ15（毎秒約5キロメートル）もの速さになるそうです。

雷が発生したときの「ゴロゴロ」という音も衝撃波によるものです。雷の大電流によって熱が発生し、空気が急速に加熱されて膨張し、衝撃波が発生するのです。

衝撃波が生じるケースというのは意外と多いことが分かります。その分、被害を出さないための注意が必要なのですね。

波長
No.5

音を発生させると音が消える？

新幹線や高速道路の発達は、地域振興につながります。しかし、その沿線に住む人が騒音に悩まされることも少なくありません。交通網の新規建設においては、騒音対策が重要となります。

騒音対策にはどのような方法があるのでしょう？

もちろん防音壁を設置することも必要ですが、もっとも有効な騒音対策は**音の干渉**を利用する方法だと言われています。この項では、その方法について説明します。

干渉とは、音などの波が重なり合って強め合ったり弱め合ったりすることです。これを利用すると、次ページの図のようにちょうど騒音を打ち消すことができます。

つまり、消したい騒音の山・谷が完全に逆になった音波を、人工的に発生させるのです。

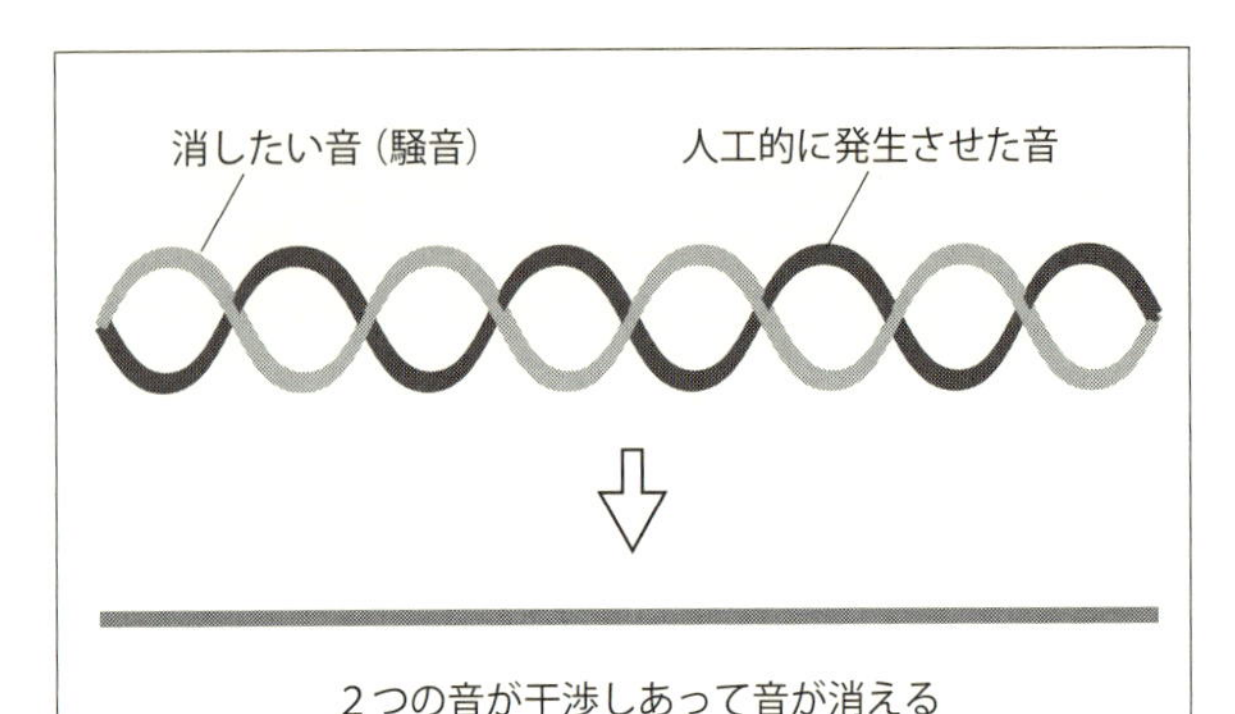

すると、騒音と人工的に発生させた**音が干渉して弱め合い、音が消えてしまう**というわけです。

飛行機で音楽などを聴くために使うイヤホンにも、同じ仕組みが利用されています。飛行機のエンジン音をマイクで集音し、電気回路によって瞬時に山と谷が逆の音波を作って、エンジン音を打ち消してくれるのです。そのお陰で、エンジン音がうるさい機内でも音楽がよく聴こえるわけです。

このような仕組みを「ノイズ・キャンセリング」といいます。音を追加することで音を消すというと不思議な感じがしますが、波の性質をうまく利用した方法なのです。

波長
No.6

聞こえない音が出血の原因になることがある

ヘリコプターが飛び立つ瞬間を見たことはあるでしょうか。間近で見たことはないとしても、テレビの映像などで見たことがある人もいると思います。

ヘリコプターが飛び立つときは、最初にプロペラがゆっくり回っているときには音が聞こえません。しかし、プロペラの回転速度が上がるにしたがって大きな音が聞こえるようになります。

じつは、プロペラがゆっくり回っているときも音が出ていないわけではありません。速さに関係なく、プロペラが回れば周りの空気が振動し、音は発生します。しかし、回転がゆっくりな間は発生する音の振動数が小さいため、聞こえないだけなのです。

このように、**人に聞こえないほど振動数が小さい音**を**低周波**といいます。

具体的には、１秒間に20回以下の振動しかしない音を低周波といい、これを人は聞く

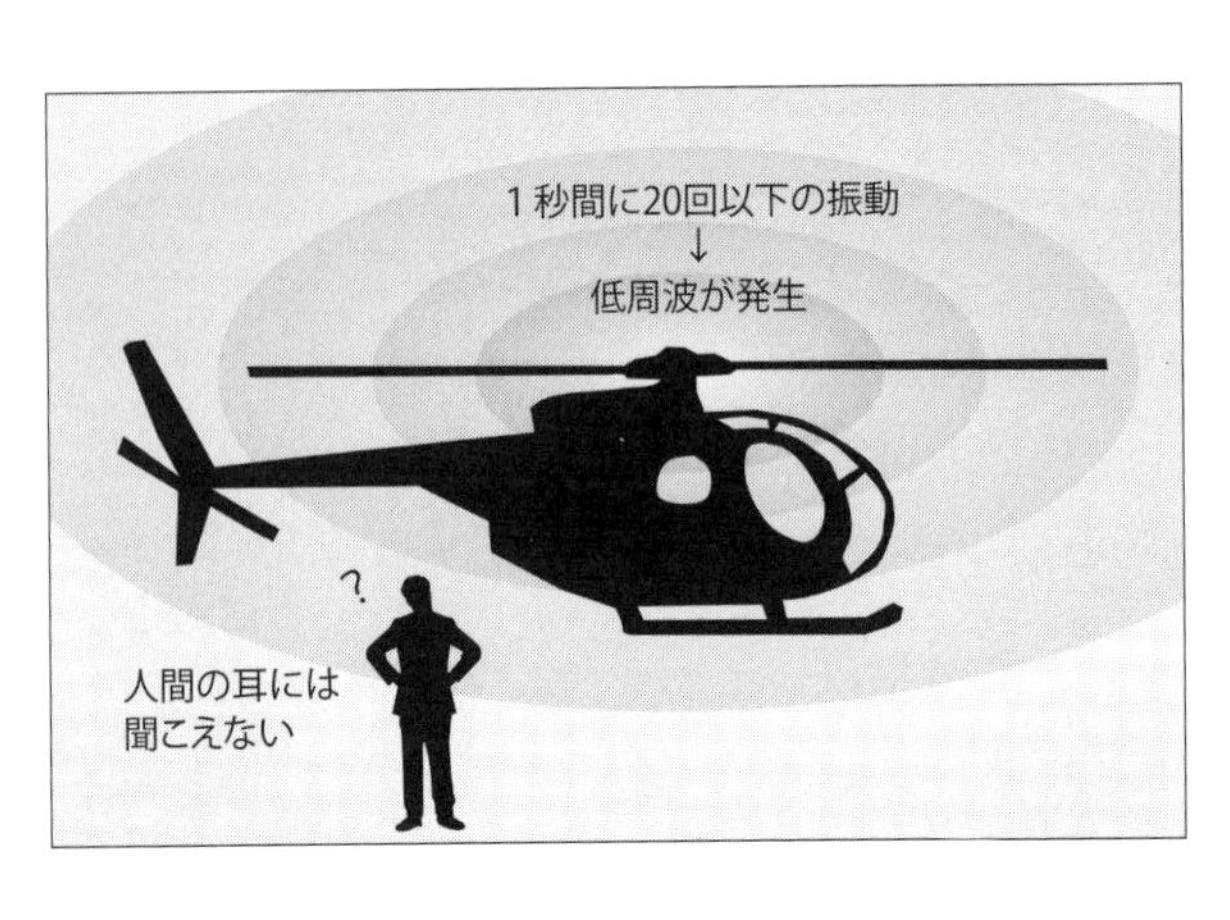

ことができません。プロペラの回転開始時には低周波が発生しているため、**音は存在するのに聞こえない**という状態なのです。

低周波は、聞こえないだけで身近なところにたくさん存在しています。

例えば、ヒトの皮膚はマイクロ・バイブレーションという微弱な振動をしています。そのため、1秒間に8～12回振動する微弱な低周波が常に人体から発せられています。

また、低周波が原因となって、内出血などの病気を起こすこともあるそうです。

低周波が発生している環境にいると、外気とつながっている肺にそれが伝わり、肺は低周波と一緒に振動してしまいます。この振動により肺と他の部分が摩擦して、内出血が起こってしまうのです。

低周波はボイラー、エアコンの室外機、自動車のエンジン、高速道路、ダムの放水などいろいろなところで発生します。

低周波は聞こえないがゆえに、仮にそれが健康被害を起こしていたとしても、すぐに気づかないことが多いようです。覚えておいて損はないかもしれません。

波長 No.7

身体が大きい人の声が低いのはなぜ？

初対面の背の高い男性が高い声で話しかけてきたら、ちょっと驚きませんか？　それは、一般的に背の高い男性は声が低いことが多いからですね。

では、そもそもどうして背の高い男性の声は低いことが多いのでしょう？

人は、声帯と声道を使って、左図のような仕組みで声を出します。

声道は、一般的には男性の方が長くなっています。また、背が高いほどそれに合わせて声道が長くなる場合がほとんどです。すると、声道の中で大きくなる音の波長が長くなります。そして、**波長が長い音ほど低い音となる**ので、一般的に背の高い男性の声は低くなるというわけです。

ちなみに、男子が大人の身体へと変わっていくとき、喉仏が前へ突き出ます。このと

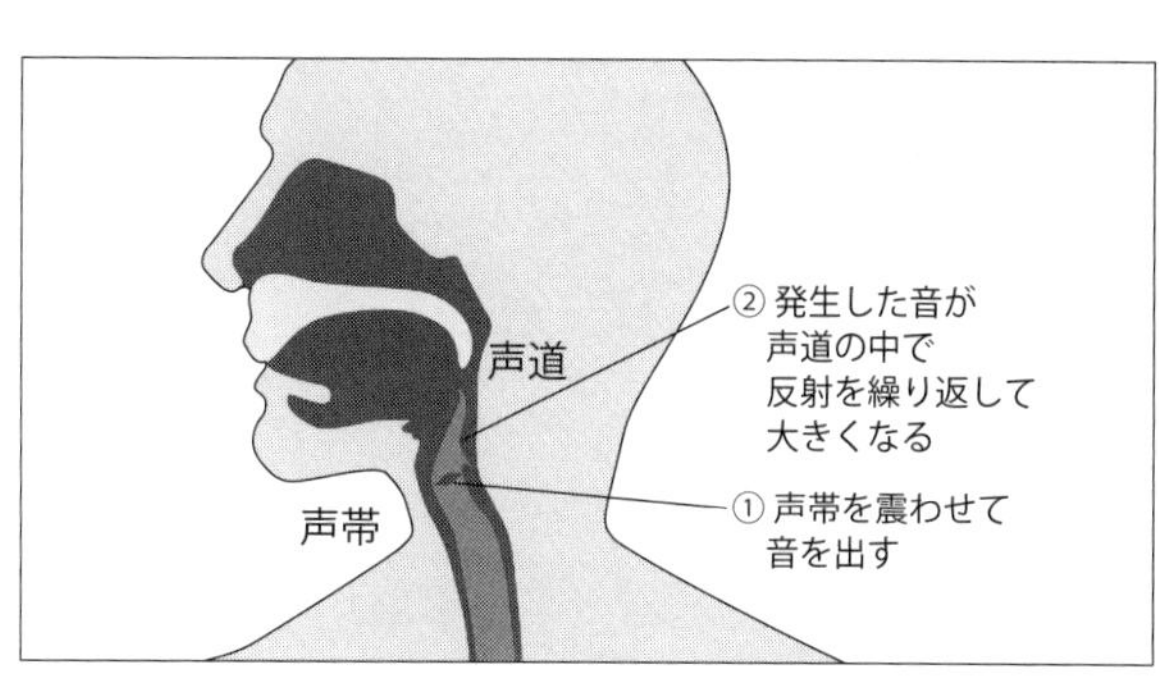

き、喉仏に引っ張られて声道が長く伸びるため、声変わりして声が低くなるのです。

ところで、ヘリウムガスを吸うと声が変わりますが、これはなぜなのでしょう？

ヘリウムガスを吸っても声道の長さは変わらないので、音の高さも変わらないはずです。ところが、ヘリウムを吸うと音が速く進むようになるのです。

じつは、**音の高さは波長だけでなく、進む速さによっても変わります**。速く進む音ほど高い音となるのです。そのため、ヘリウムを吸ったときの声は高くなるのです。

声の高さは十人十色ですが、それには物理的な理由があるのですね。

第5章

この世には電気と磁気があふれている

電気と磁気 No.1

電子はじっとしているのに光速で電流を伝えている？

現代では、電化製品は生活必需品となっています。電化製品は電流が流れなければ動きませんから、私たちの身のまわりでは電流がたくさん流れているわけです。

家庭で使う電流は、自宅で太陽光発電している場合などを除けば、発電所からやってくるものです。発電所が遠く離れていても、電気はあっという間に送られてきます。じつは、電流は光と同じ秒速30万キロメートルという速さで伝わるのです。

電流の正体は**電子**という、**マイナスの電気を持った、目に見えない小さな粒子**であることが分かっています。たくさんの電子がいっせいに動くことを「電流が流れる」と言っているわけです。

では、電流が秒速30万キロメートルで伝わるということは、その担い手である電子も

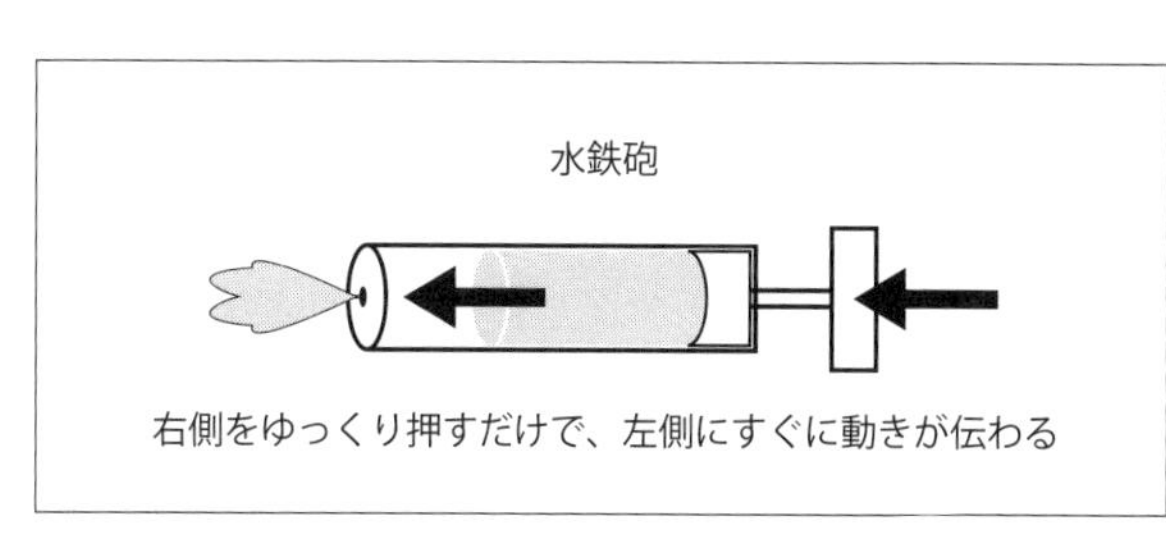

右側をゆっくり押すだけで、左側にすぐに動きが伝わる

秒速30万キロメートルで動いているということなのでしょうか？

いやいや、そんなことはありません。電子の動く速さは秒速0・1ミリメートル程度と、とてもとてもゆっくりです。

でも、おかしいと思いませんか？　電子は秒速0・1ミリメートルで動いているのに、どうして電流は秒速30万キロメートルという速さで伝わることができるのでしょう？

これは、水鉄砲をイメージすると理解できます。

水鉄砲の片側をグッと押します。すると、すぐに反対側から水が出ます。一瞬で水の動きが伝わるのです。

しかしこのとき、水自体はそんなに速く動いているでしょうか？

水自体は全然速く動いていません。でも、次々と玉突き的に力が伝わっていくので、あっという間に水の動きは逆側へと伝わるのです。

電流の伝わり方もこれと似ています。ひとつひとつの電子はとてもゆっくり動いていても、その**数が非常に多い**ため玉突き的に反応してあっという間に遠方へ伝わるのです。たとえば銅の場合、たった1立方ミリメートルの中に電子が850000兆個もあります。これだけたくさんの電子が詰まっているので、ものすごいスピードで動きが伝わっていくのです。

電気を使うときに、電子がどのように動いているのか想像してみるのも面白いかもしれませんね。

電気と磁気 No.2

温度差があれば電気が生まれる

温度差さえあれば、電気を生み出すことができるのをご存じですか？

じつは、異種類の金属を接触させたものを２つ用意して**温度差を与えるだけで、電流が流れる**のです。

何だか不思議な現象ですが、これはＮＡＳＡの冥王星探査機ニュー・ホライズンなどに搭載されている原子力電池にも応用されている現象です。

原子力電池には、プルトニウム２３８などの放射性同位体が入っています。

放射性同位体とは、放射線を出して自然と崩壊していく元素で、崩壊するときに熱を出します。この熱と、温度がマイナス２７０度の宇宙空間との温度差を利用して発電するのです。半減期（半分になるまでの期間）が長いものを使えば、長期にわたって使用可能です。

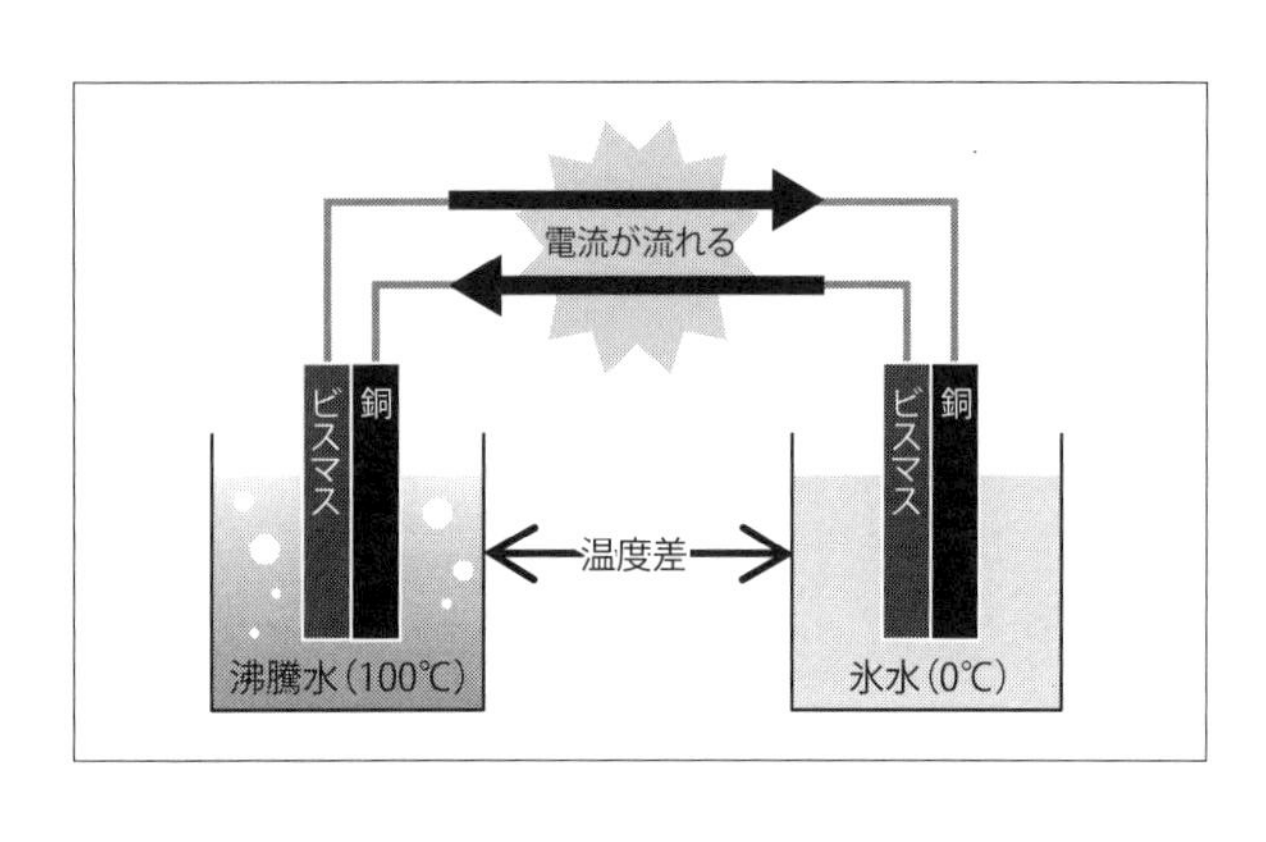

地球を周回する人工衛星や、火星と木星の間にある小惑星帯という領域くらいまでの宇宙探査機であれば、じゅうぶんな太陽光を得られるので、原子力電池でなく太陽電池を使います。原子力電池は打ち上げ失敗や墜落などで、放射性物質をまき散らす危険性があるからです。

しかし、より遠くへ行く探査機では、太陽光が不十分なので原子力電池も使われています。

このような、温度差が電流を生み出す現象は、身近なところでも活用できます。例えば、工場、自動車、家庭などでの**廃熱の利用**です。

じつは、世界中で石炭・石油・天然ガスなどの化石燃料から得られる熱の約70％が、利用されない無駄な廃熱となっているのです。こんなにもったいないことはありませんよね。

　でも、この廃熱と空気との温度差から電気を生み出せれば、無駄を減らすことができます。現在、今まで無駄に捨てられていた廃熱をエネルギー源とする研究が、さかんに行われているのです。


　ところで、温度差が電流を生み出す現象は、１８２２年にドイツのゼーベックという人が発見しました。その当時は電池も十分に発明されていませんでしたので、この発見は他の研究者にも大きな影響を与えました。

　例えば、ゼーベックの発見の4年後に同じドイツのオームが「オームの法則」を発見しました。電池を使った実験が難しい中、オームは温度差によって電流を発生させて実験し、電流と電圧の関係についての法則を発見しました。オームの法則の発見はゼーベックの発見あってこそのものだったのですね。

　ひとつの科学法則の発見が次の発見へとつながることはよくありますが、そのひとつの例と言ってよいでしょう。そして、２００年も前に発見されたこの現象の活用の可能性は、現在も広がりつづけているのです。

電気と磁気 No.3

圧力があれば電気が流れる

メガネの汚れを落とすのに、洗浄機を使うことがあります。水の中へ入れてしばらく置いておくときれいにしてくれる装置で、メガネを使わない人もメガネ屋さんの前を通ったときなどに見かけたことがあるのではないでしょうか。

この装置は、超音波を利用しているので「超音波洗浄機」と呼ばれます。超音波洗浄機では、**圧電素子**というものが大事な役割を果たしています。そこでこの項では、圧電素子がどのような働きをしているのか、紹介したいと思います。

圧電素子とは、圧力を加えると電流が流れる物質です。また、電流を流して圧力を生むこともできる物質です。超音波洗浄機の場合は、電流を流して振動させて利用します。左図のように、超音波洗浄機の底には圧電素子が取り付けられています。ここへ高周

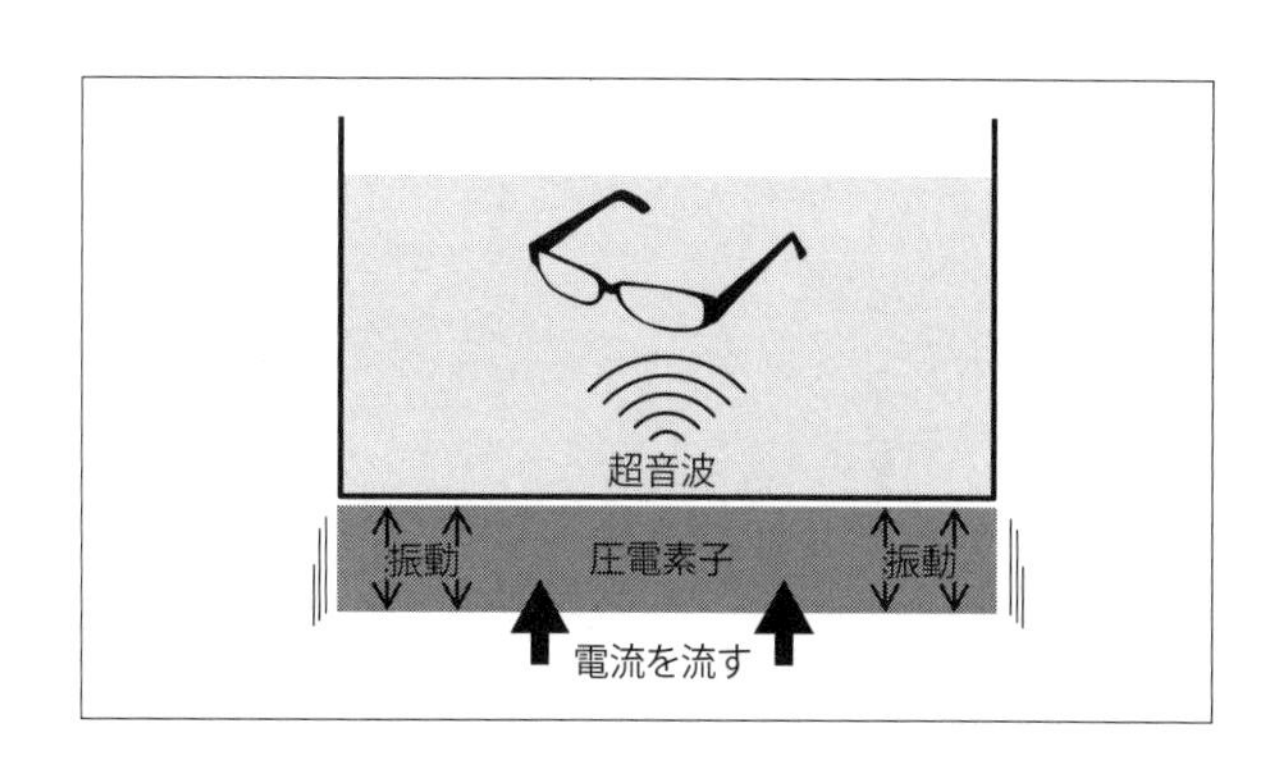

波電源を接続して電流を流すと、振動します。そのときの振動数は2万〜10万ヘルツです。つまり、たった1秒の間に2万〜10万回も振動するのです！

圧電素子の振動により、水中に**超音波**が発生します。人間の耳で聞くことができる音は、振動数が20〜2万ヘルツの範囲に収まるものです。圧電素子の振動数は2万ヘルツを超えているため、人間には聞こえない超音波となって発生するわけです。

水中であっても圧力の変化が伝わっていけば、空気中と同じように音波が発生します。そして、この圧力変化の力がメガネに伝われば、付着した汚れを除去してくれるのです。

ただの音でも、振動数が大きくなると汚れを落とす力を持つようになるのですね。

電気と磁気 No.4

電気の送電方法にはエジソンの敗北が絡んでいる

今では家庭に電気が送られてくるのは当たり前になっていますが、送電の歴史はそんなに長いわけではありません。

1879年に、あの大発明家エジソンが白熱電球を発明しました。そして、各家庭で電球を使えるようにするため、ニューヨークで電線を引く事業を始めました。これが、送電の始まりです。

でも、現在の送電の方式はエジソンが行ったのとは異なる方式です。というのは、エジソンは「直流」によって送電を行ったのですが、現在の送電はほとんどが**「交流」**で行われているのです。これは日本だけでなく、世界中でのことです。

じつは、これには**あのエジソンが部下に敗北を喫した**という、意外な歴史が関連しています。この項では、そのことについて紹介したいと思います。

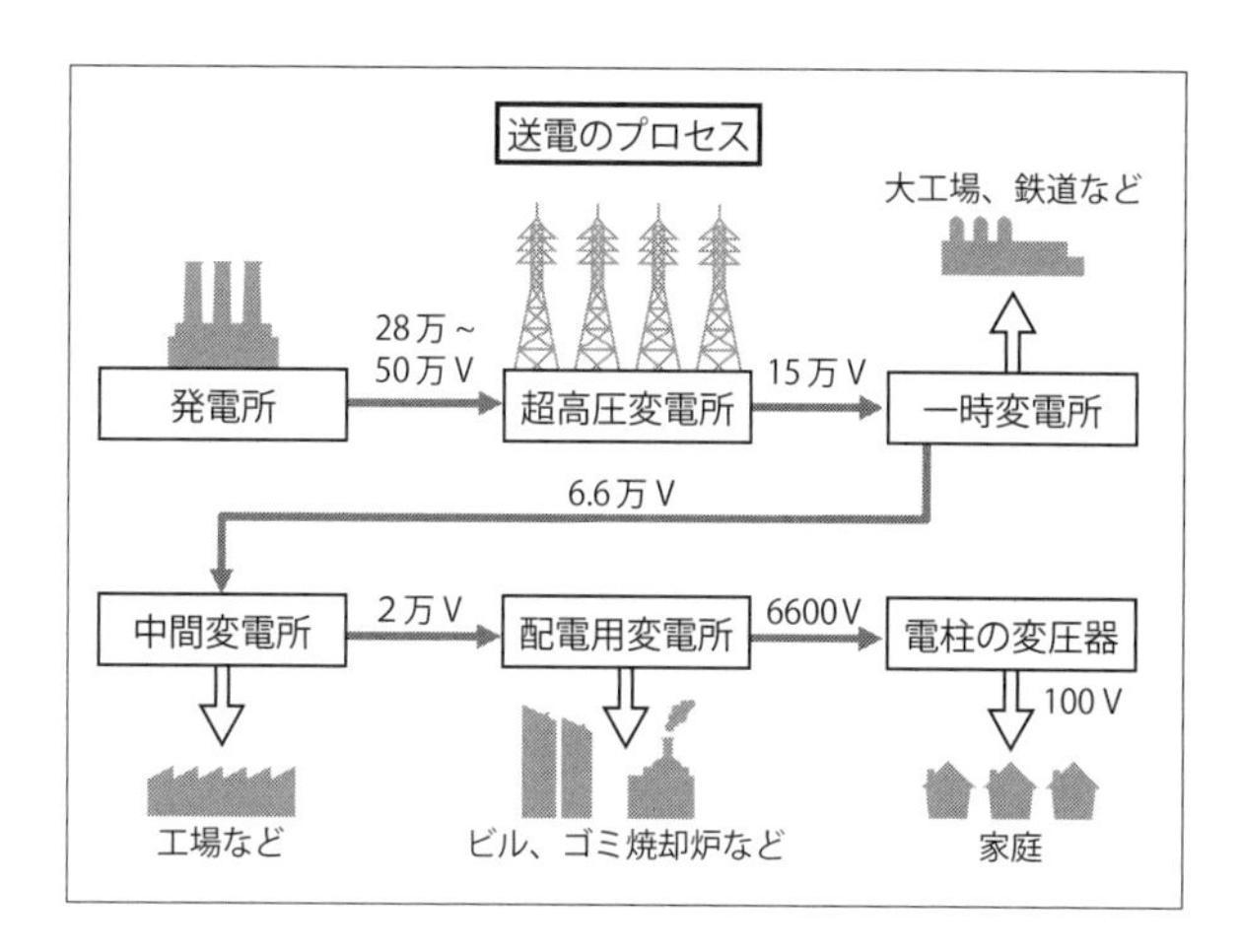

直流による送電事業を開始したエジソンに対して、異議を唱える人物がいました。エジソンの部下であった**テスラ**という人です。

テスラは、直流ではなく交流で送電すべきだと主張したのです。

交流には2つのメリットがあることが理由でした。

1つは、変圧器を使って**電圧を変換できる**ことです。

電線を通して長い距離を送電すると、どうしても電力ロスが生じてしまいます。しかし、高電圧で送電すると、そのロスを小

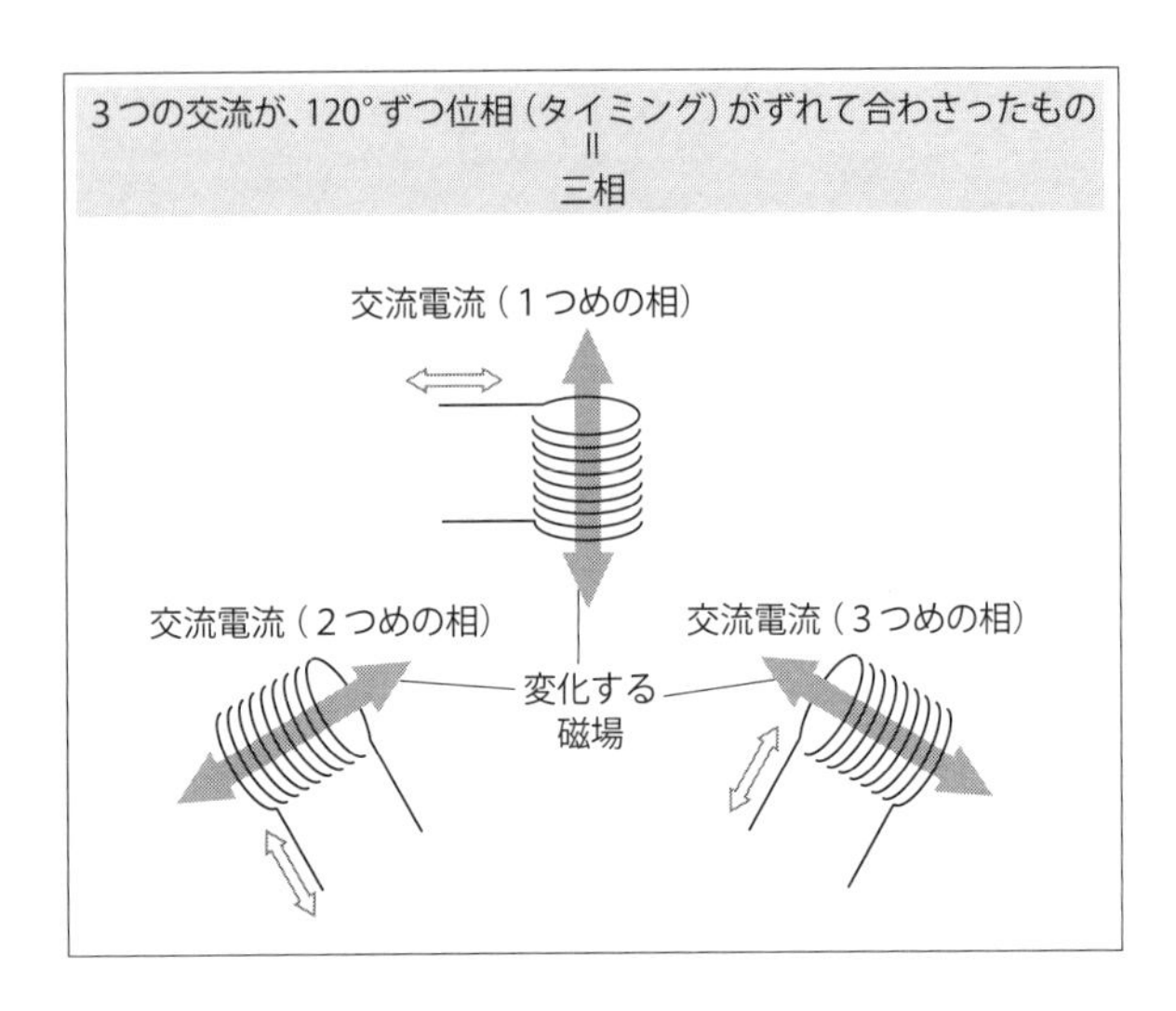

さくできるのです。

そこで、現在の送電は前ページの図のように電圧を変換しながら行われています。

このように電圧を変換できるのは、交流だからです。もし直流で送電すると電圧を変換できないため、電線での電力消費が非常に大きくなってしまいます。

もう1つの交流のメリットは、**「交流モーター」**を使える点です。

交流モーターは次のような構造になっています。詳細に説明すると複雑になりますので、簡略化して説明した

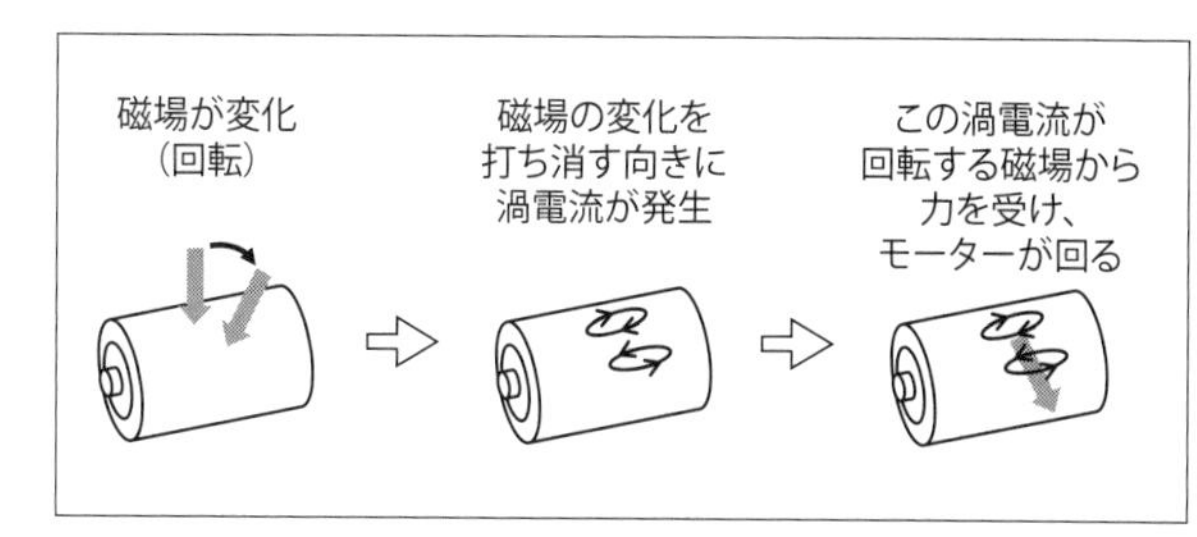

いと思います。

前ページの図のように、タイミングをずらしながら３つの交流電流を送ります。すると、それによって作られる３つの磁場もタイミングがずれながら変化していきます。その結果、上図のようにモーターが回っていきます。少し難しいですが、これが交流モーターの概要です。

交流モーターは直流モーターと違って、ブラシや整流子のような道具が必要ありません。直流モーターではブラシと整流子の間で摩擦が生じるため、定期的に交換する必要があります。

また、直流モーターの場合は電圧を変えないと回転数を変えられません。しかし、交流モーターなら周波数を変換することで回転数を制御できます。

以上、説明した２つのメリットがあるため、テスラは「送電は交流で行うべき」と主張したのです。

そして、それは理にかなった主張であり、結局交流送電に軍配が上がることとなったのです。

交流送電を主張したテスラはエジソンと袂（たもと）を分かち、ウェスチングハウス社の創設に携わりました。意外にも、エジソンにもこのようなことがあったのですね。

ところで、交流送電にデメリットはないのでしょうか？

何事にもよい点があれば悪い点もあるもので、交流送電にもデメリットはあります。大きなものを２つ挙げます。

１つは、電圧の実効値は１００ボルトでも、最大値は約１４１ボルトになる、ということです。直流であれば１００ボルトなら１００ボルトのまま電圧は一定ですが、交流の場合は電圧が常に変動します。ですので、瞬間的には高電圧になってしまいます。そのため、より絶縁を強化する必要があります。

もう１つは、いくつかの電流を合流させるとき、そのタイミングを合わせるのが難しいという点です。これも、直流であれば電流値が一定なので難しくありませんが、交流電流の値は変動するため、タイミングをずらしてしまうと弱め合うことにもなってしまいます。

このように、交流送電より直流送電の方がよい点もあるので、一部では直流送電を採用しています。日本では北海道と本州、四国と本州を結ぶ送電でそれぞれ利用されています。

電気を届けるのも、簡単ではないのです。

電気と磁気 No.5

N極だけ・S極だけの磁石は存在しない？

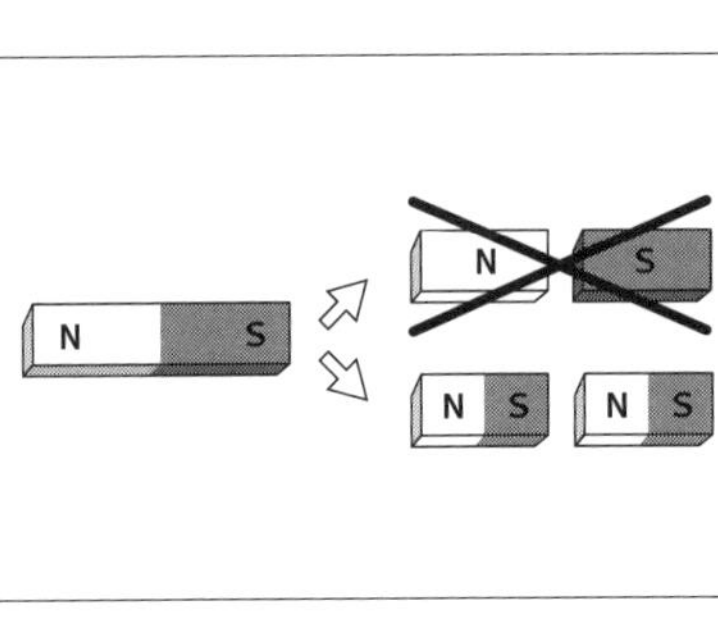

磁石は、必ずN極とS極のセットで存在しています。ペアになっているので**「ダイポール」**といいます。「ダイ」は「2つ」、「ポール」は「極」という意味です。

それに対して、N極だけ、またはS極だけのように片方だけのものを「モノポール」といいます。「モノ」は「1つ」という意味です。でも、そんな磁石見たことありませんよね？

じつは、この世のどこにもN極だけ、またはS極だけというモノポールは存在しません。すべてダイポールとして存在しています。

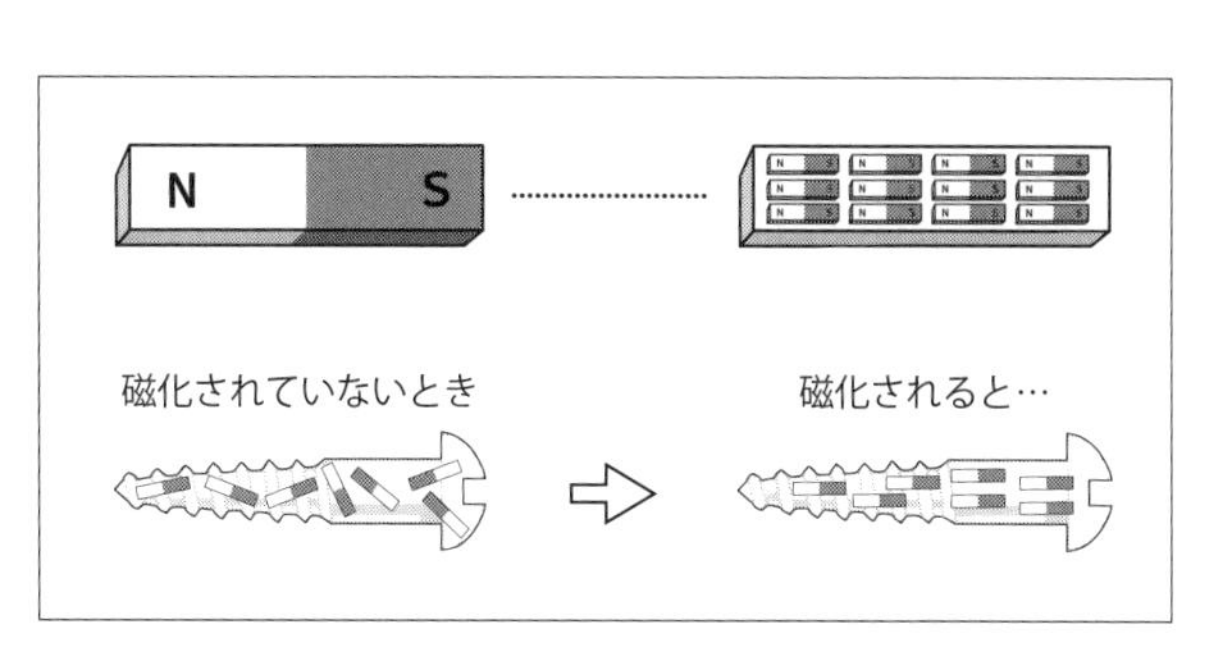

でも、何だか不思議な感じもします。例えば、棒磁石をちょうど真ん中で分割したら、N極だけの磁石とS極だけの磁石、つまりモノポールになりそうですよね。しかし、実際には右上図のようにダイポールが２つ生まれます。

このことは、次のように考えてみれば理解できます。1つの磁石の中には、じつは**「ミニ磁石」**がたくさん入っているのです。

棒磁石にはN極とS極の向きが揃ったミニ磁石がたくさん並んでいます。鉄釘の場合は、中に「ミニ磁石」がたくさんあって、もともとの向きは不揃いですが、磁石を近づければ向きが揃って磁石になります。

つまり、磁石を細かく分けていってもN極だけの磁石やS極だけの磁石にはならないのです。

ここでいう「ミニ磁石」というのは、正確に言えば**電**

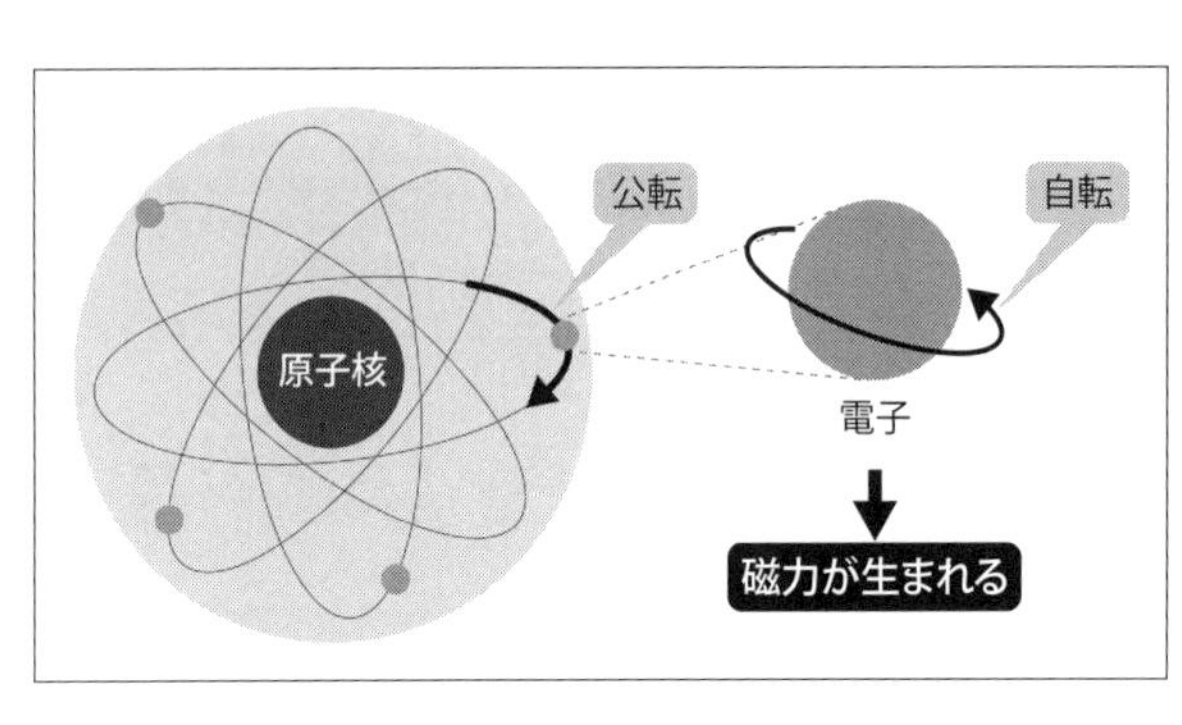

子のスピン（自転）が生み出す磁力のことです。

原子の中には電子が存在します。電子は原子核の周りで動いています。その動きは、天体と同じように自転と公転で理解することができます。

磁石の原子の中では、電子のスピンによって**磁場**が生まれていて、そのことを今回は「ミニ磁石」と表現しました。

この世に、「N極」とか「S極」という実体は存在しません。**電子の動きが磁力を生み出している**に過ぎないのです。そう考えると、**本質は電子の動き（電流）**なのだと分かります。

目に見えない小さな粒子が、私たちが普段感じている力を操っているとは驚きですね。

電気と磁気
No.6

電気と磁力のコラボレーションでご飯がうまく炊きあがる

ご飯が炊けたら自動的に炊飯をストップしてくれる電気炊飯器は、とても便利ですね。でも、どうしてご飯が炊けたことが分かるのでしょう?

ご飯の量によって必要な炊飯時間は違いますから、単純なタイマーではなさそうです。じつは、自動的に炊飯スイッチが切れる仕組みには、磁石の意外な性質が利用されています。それは、**〝ある温度になると突然磁力を失う〟**という性質です。

磁石が磁石でなくなってしまうという不思議なことが、磁石を高い温度にすると実際に起こります。

では、どのくらい高い温度にすれば磁力は消えるのでしょう?

その値は磁石の種類によって違うのですが、例えば鉄でできた磁石の場合は769度

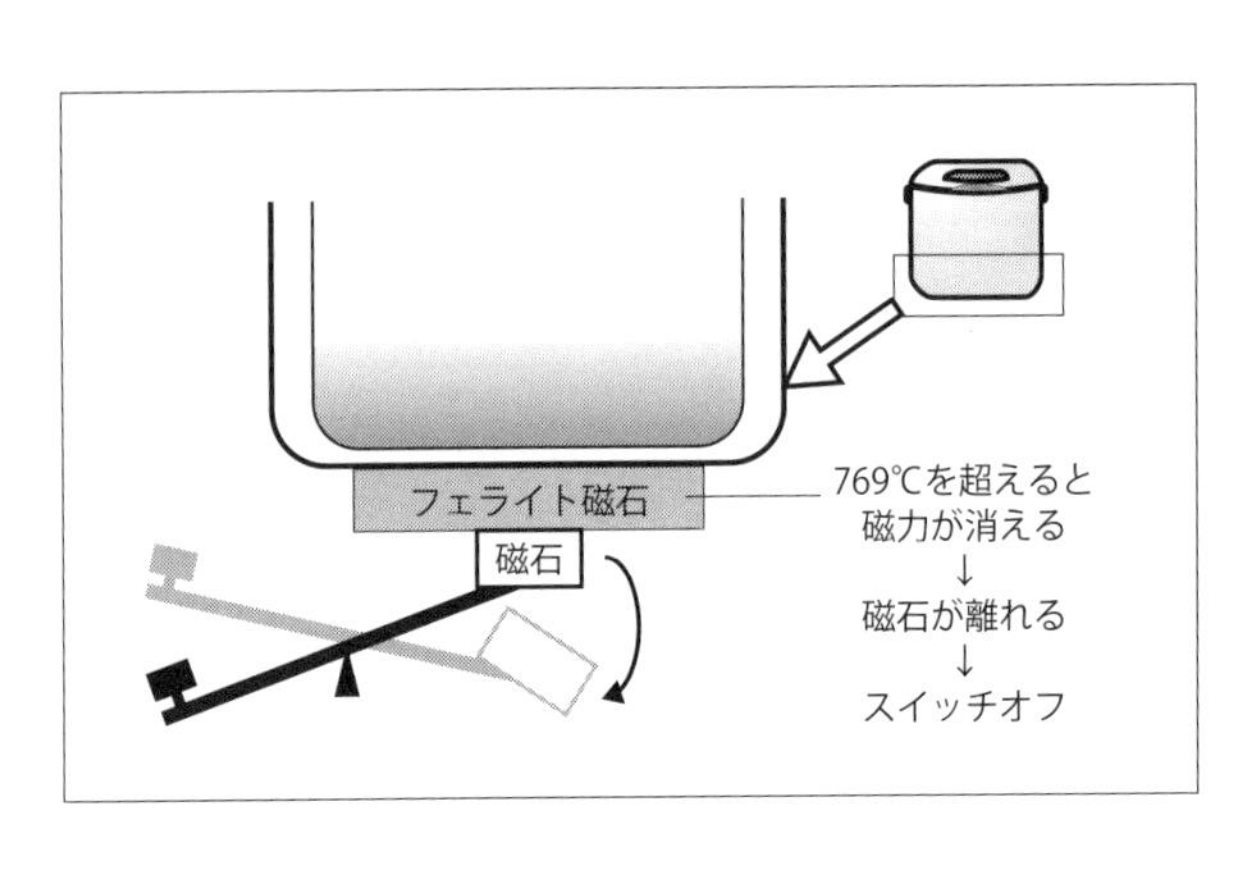

です。ですので、例えば釘鉄を磁石に近づけると釘鉄自身も磁石となるので、磁石にくっつくようになります。これを**磁化**といいますが、７６９度を超えると磁力を失い、磁石から離れてしまうのです。

この値は、この現象を研究したピエール・キュリーにちなんで「キュリー温度」と呼ばれています。

それでは、磁石のこの性質が電気炊飯器にどのように活用されているのでしょうか。

電気炊飯器の釜底には、フェライト磁石が取り付けられています。

フェライト磁石は主に酸化鉄でできた磁石で、特別なものではなく、理科の実検などでも使われているものです。

炊飯スイッチを押すと、その下にある別の磁石がフェライト磁石にくっついて回路がオンになるので電流が流れ、炊飯を始めます。そして、炊飯が終わると釜の中の水分が少なくなるので、釜底の温度が上がってフェライト磁石の温度も上がります。やがてフェライト磁石がキュリー温度に達すると磁力が消えるので、磁石が離れて回路がオフの状態になり、電流が流れなくなるのです。

このように、磁石が高温で磁力を失うおかげで、自動炊飯が可能になっています。高温で磁力を失うのは磁石のデメリットでもありますが、電気炊飯器にはそれをメリットとして活用する知恵が隠れていたのですね。

電気と磁気
No.7

歩数計の中では磁石が大忙し

健康志向の高まりで、身につけるだけで歩数を計れる歩数計が人気を集めているようです。ちなみに、よく使われる「万歩計」という呼び名は、山佐時計計器という会社の登録商標で、「歩数計」が一般の呼称となります。

ポケットへ入れたり衣類へ装着するだけで歩数を計ってくれて便利ですが、どんな仕組みになっているのでしょう？

昔からあったのは、振り子式の歩数計です。

振り子が振動して磁石がリードスイッチに近づくと、金属が**磁化**されてくっつきます。すると、ＩＣ回路がオンになり、カウントされます。そして、磁石が離れればオフになり、振動のたびにオンとオフを繰り返すことになります。

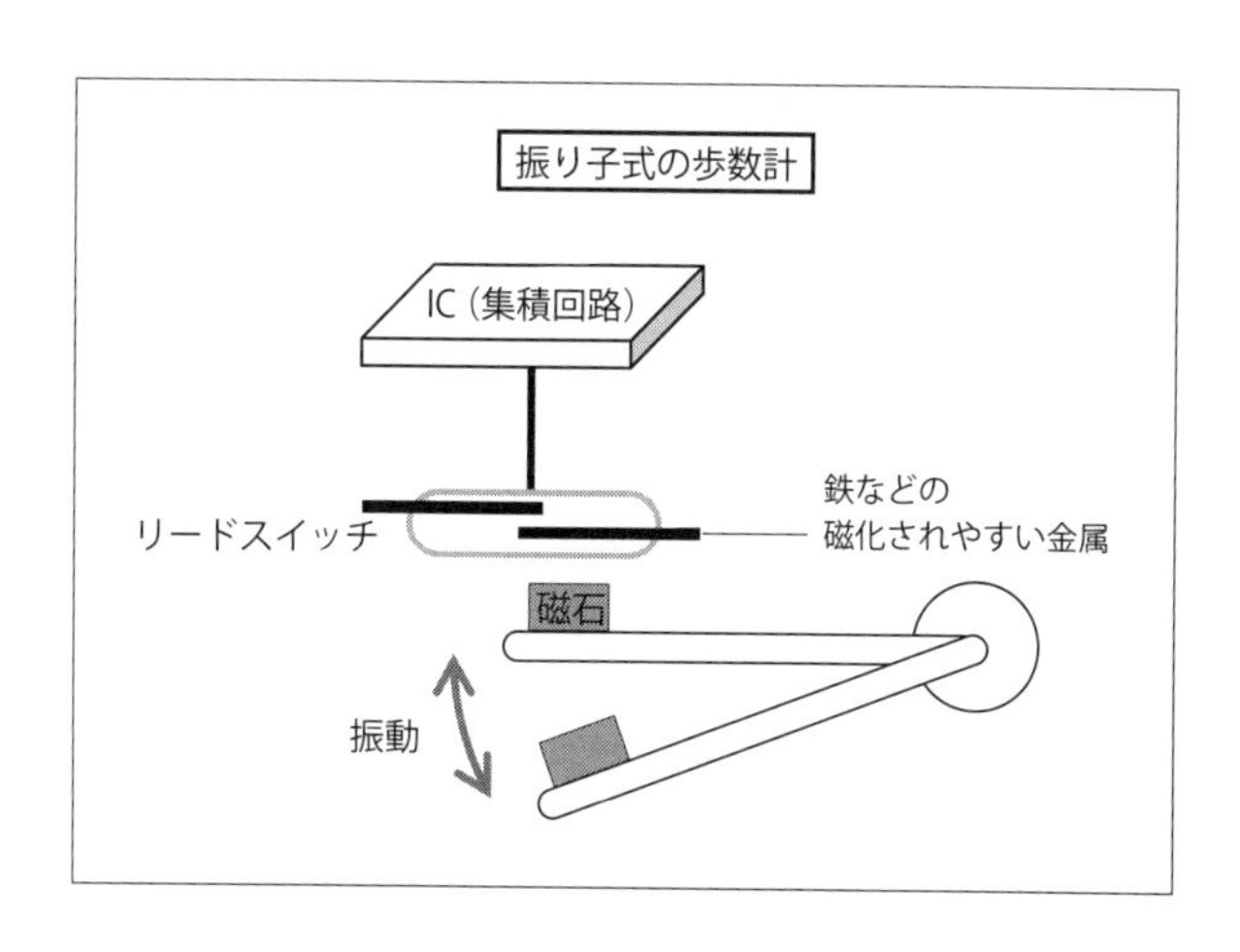

この仕組みは、冷蔵庫や、開いたときに点灯する折り畳み式の携帯電話にも使われています。

しかし、振り子式には、歩行以外の振動もカウントしやすいという欠点があります。その欠点を補ったのが、次の加速度センサー式の歩数計です。

加速度センサー式の歩数計は**圧電素子**を使用しています。

圧電素子は、１４６ページにも登場しましたが、振動によって電圧が発生するものでしたね。

次ページ図にある振動板が振動すると、圧電素子に力が加わるため、電圧を生じま

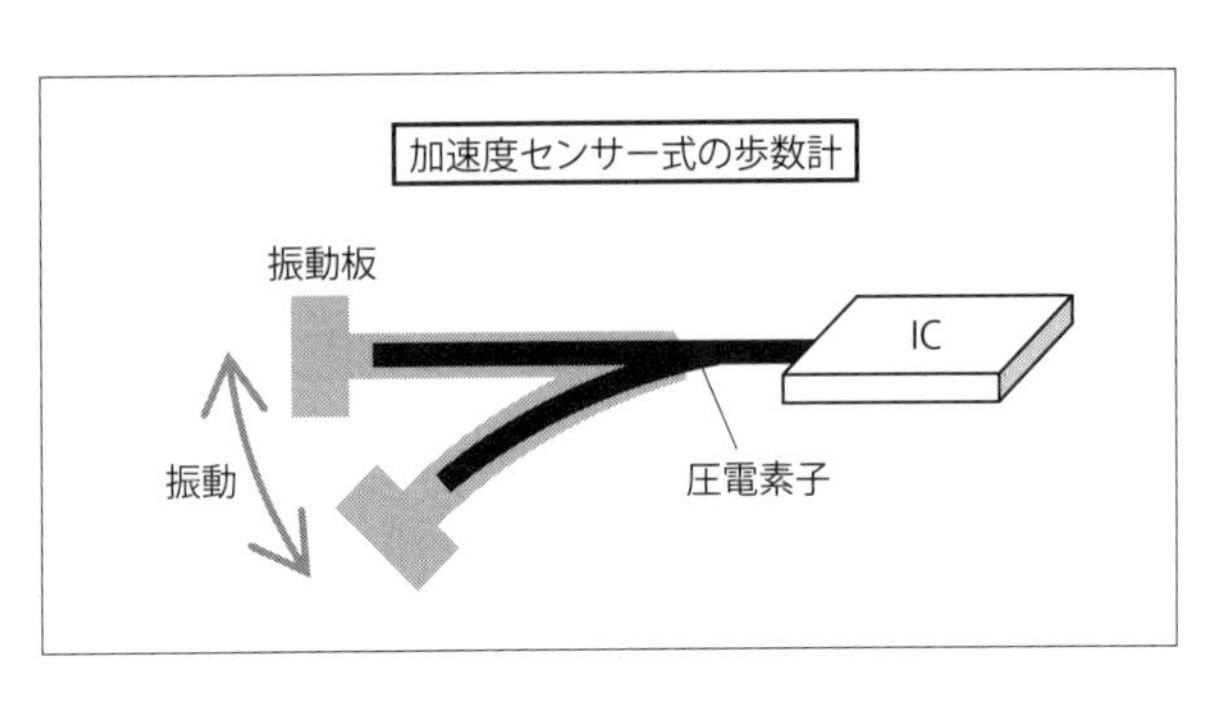

す。この電圧をＩＣがカウントして歩数を計測するのです。

振り子式はオンかオフだけでしたが、電圧には値があります。ですので、電圧の変化パターンを解析することで、その振動が歩行によるものかそうでないかを、ＩＣが区別することができるのです。

このように、より正確に歩数を測定できるものが増えたことも、歩数計の普及につながっているようです。これからも、歩数計は私たちの健康維持に役立ってくれそうですね。

電気と磁気 No.8

電磁力で船やピストルを操ることができる

「電磁推進船」という船をご存じですか？　これは、スクリューなどは使わず、**電流が磁場から受ける力だけを動力とする**特殊な船です。

世界初の電磁推進船は日本で開発された「ヤマト１」で、１９９２年に進水して海上航行実験に成功しました。質量１８５トン、全長30メートル、幅10・39メートルという大きさのアルミ合金製の船で、最大速度は時速約15キロメートルです。現在は、神戸海洋博物館に展示されています。

電磁推進船とは、どのようなものなのでしょうか？

次ページの図は模式的なものですが、ポイントは海水中に磁場を加えることと、海水に電流を流すことです。

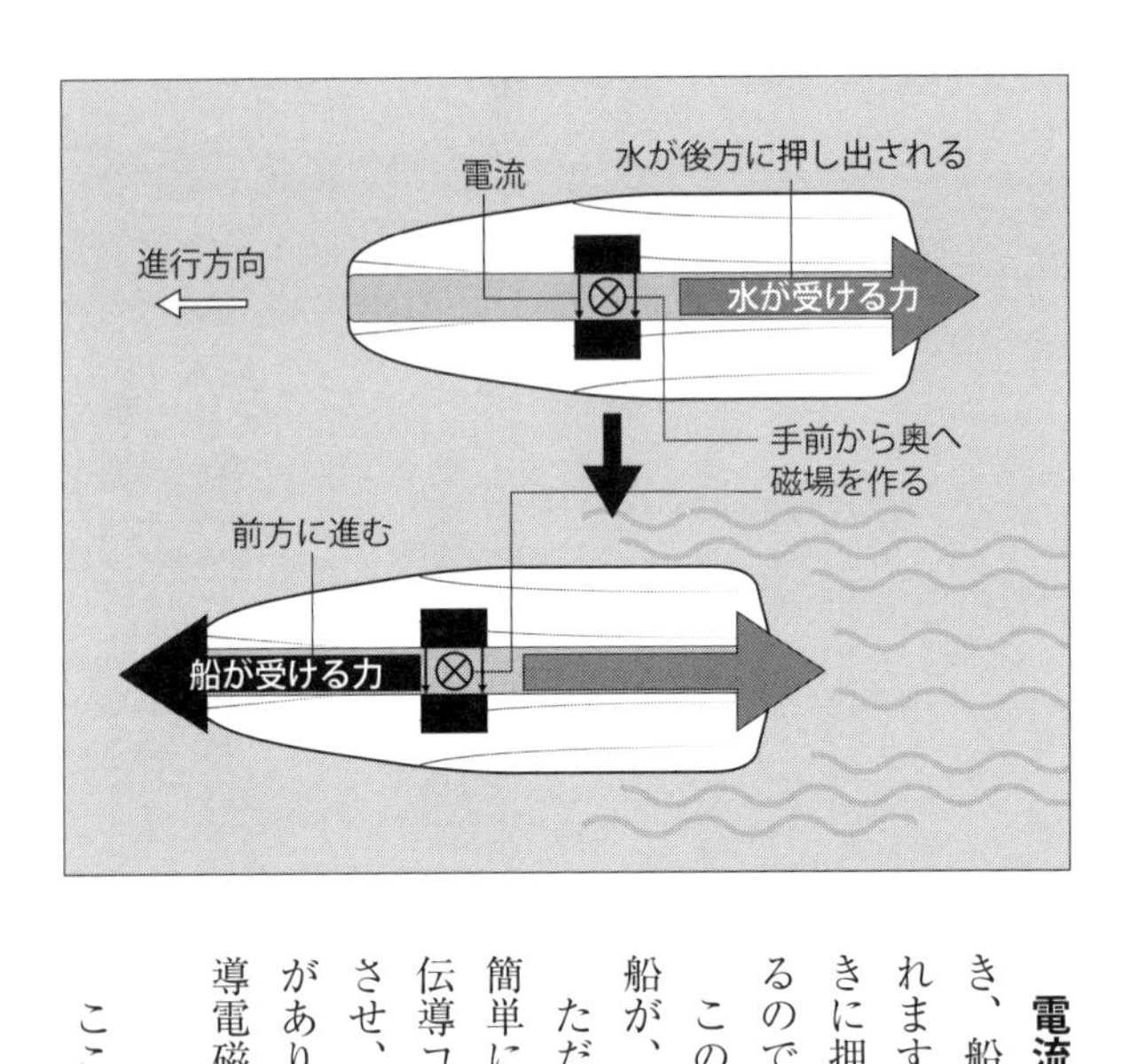

電流は磁場から力を受けます。このとき、船の内部にある水は後方に押し出されます。すると、その反作用で船は左向きに押され、左向きに動き出すことになるのです。

このような仕組みで推進力を生み出す船が、電磁推進船です。

ただし、この仕組みだけで巨大な船を簡単に動かせるわけではありません。超伝導コイルを利用して強力な磁場を発生させ、電流が受ける力を大きくする必要があります。そのため、この船は「超電導電磁推進船」と呼ばれます。

ここまでは電磁推進船について説明し

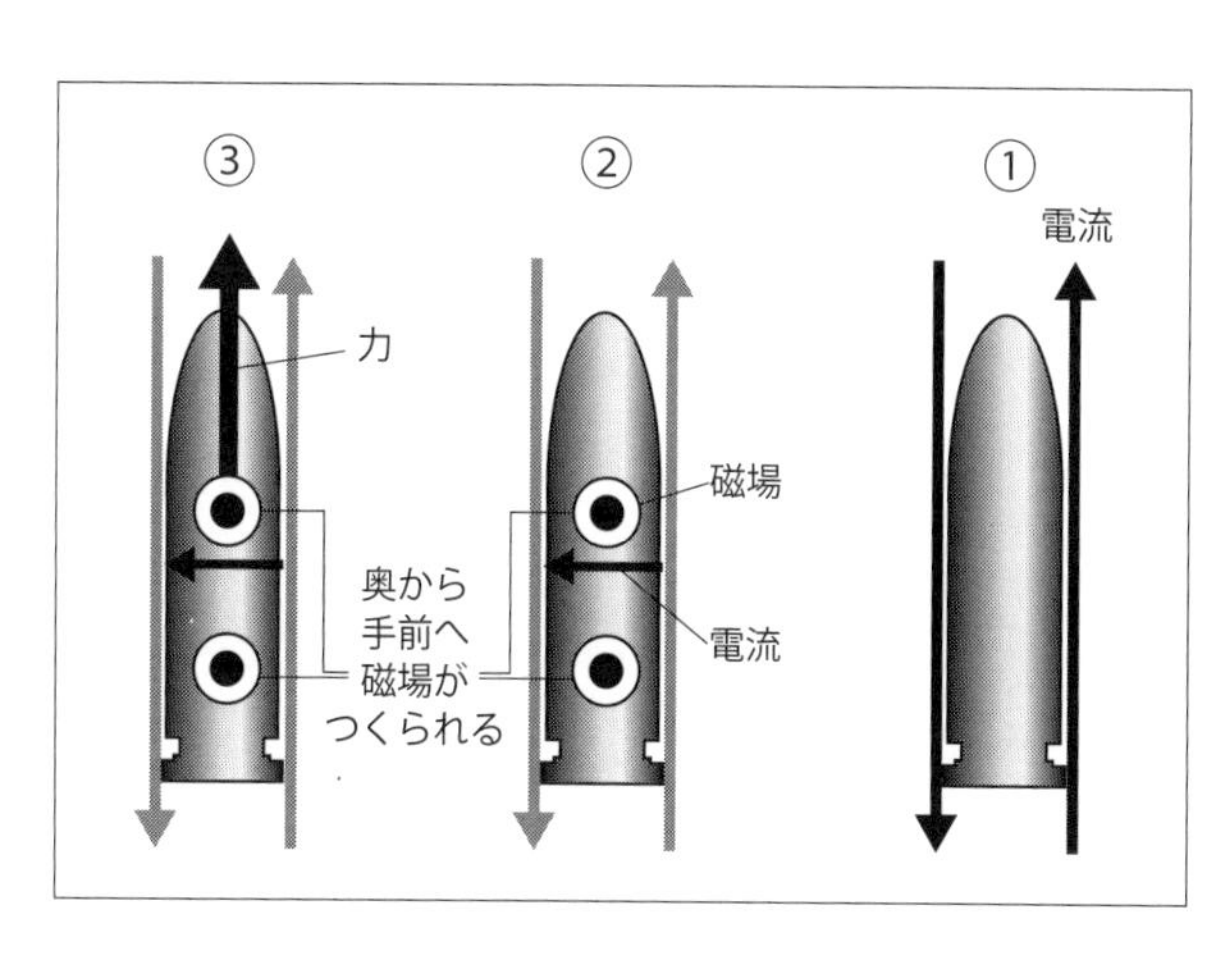

ましたが、「レールガン」でも同じような仕組みが利用されています。

レールガンは、火薬を利用するよりも高速で発射できるピストルです。

上図①のようにそれぞれ逆向きに電流が流れる2本のレールの間に、レールに接触するように金属製の発射体を挿入します。

このとき、発射体に電流が流れるように、発射体の被覆も電気を通しやすい材料にしておく必要があります。

すると、発射体に電流が流れるのと同時に、2本のレールに流れる電流によって②のような向きに磁場が作られます。

発射体に流れる電流は、③のように**磁場から力を受けます**。この電流が磁場から受ける力が推進力となり、発射体は飛び出していくのです。

この方法は、ピストルだけでなくロケットの代替手段としても研究されています。もしこの方法がロケットに利用できれば、宇宙に人工衛星や物資を運ぶことが、現在よりも安価で可能になるかもしれないそうです。

前述の「ヤマト1」は、航行実験には成功したものの、実用化までには至っていません。ですが、この仕組みは大きな可能性を持っているのです。

電気と磁気
No.9

磁場を使えば地球の奥深くのことがわかる

私たちの身近なところでは、冷蔵庫にメモ用紙を貼り付けるために使う磁石や、電化製品の中のモーターや発電機などに用いられる磁石など、たくさんの磁石が利用されています。それらの磁力は、前述したように、電子という目に見えない小さな粒子の動きが生み出しています。

ところで、私たちが起きているときも寝ているときも常に触れ合っている磁石があります。

それは、地球です。

地球というのは巨大な磁石です。そのことは、方位磁針が地球から磁力を受けていつも一定の方向を向くことからも確かめられますね。

さて、磁力を生み出すのは電子の動きであるということから考えると、地球の中でも電子が動いているということになります。一体、地球のどこで電子が動いているのでしょう？

それは、地球の奥深くです。

地球の内部は左図のようになっていると考えられています。地球の中心部には大量の鉄があり、その量は地球全質量の3分の1だと考えられています。鉄は金属なので電流を流すことができます。この電流、つまり電子の動きが地球を巨大な磁石にしているというわけです。

もう少し正確に言えば、地球に磁場が生じていること自体が、地球内部が金属でできていることの証拠になっているのです。

地球内部が金属でできているなどということは、人間が観測して確かめたことではありません。実際に人間が今までに掘り進められた深さは、約10キロメートルだけなのです。地球の半径は約6400キロメートルですから、1％も掘り進められていないことになります。長いこと人間が暮らしてきた地球ですが、その内部は人間にとってまだま

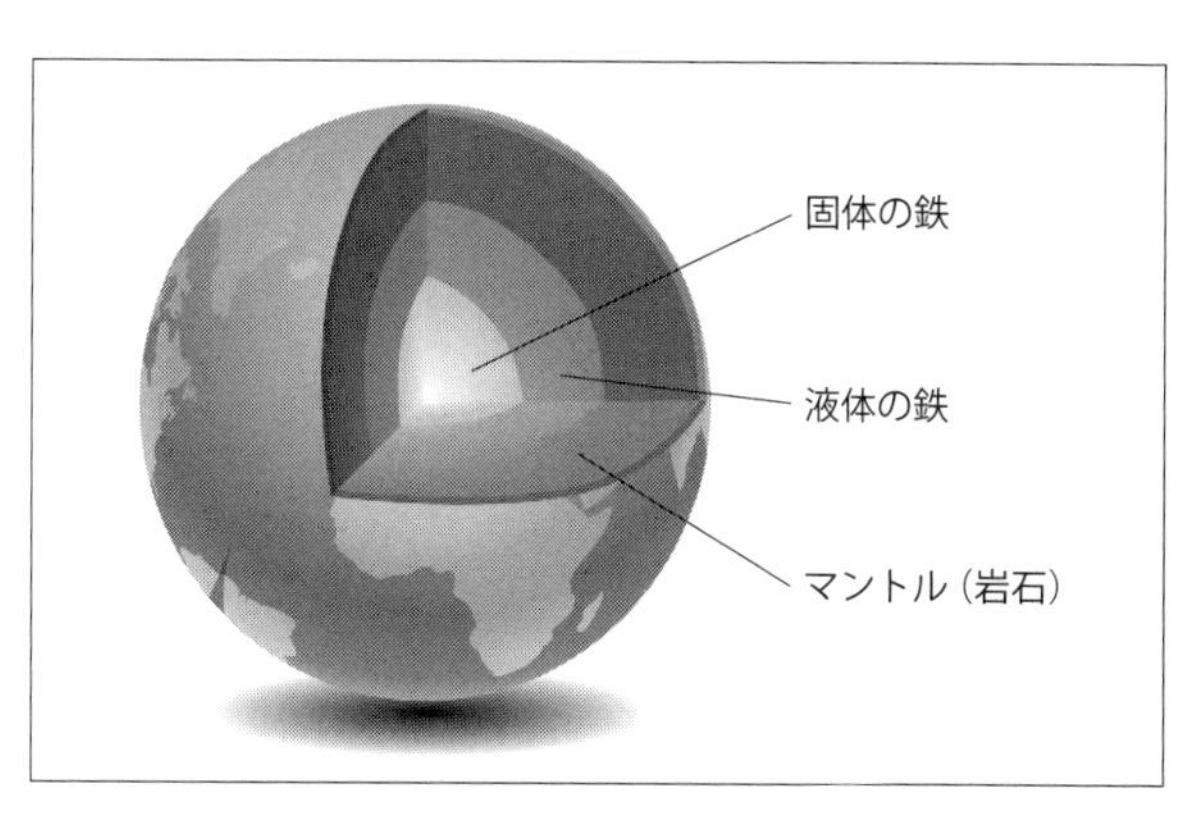

だ未知の世界なのです。
しかし、磁力は電子の動きによって生じるものだという物理学の知見によって、地球の内部について知ることができたというわけです。

ちなみに、約10時間という短い周期で自転する木星は、非常に強い磁石になっていることが分かっています。自転のスピードが速ければ、自転によって生じる電流が大きくなるからでしょう。
逆に、周期約244日で自転する金星の磁力は、地球の約2000分の1の強さしかないそうです。

電気と磁気
No.10

地球の磁場は何度も逆転している

私たちが日常生活でたくさん使っている磁石ですが、じつは人工的に磁石を作れるようになったのは、20世紀に入ってからです。それまでは、人工的に磁石を作ることはできませんでした。

でも、人工的に磁石を作れるようになる前から、人類は磁石を利用してきました。特に、大航海時代に入ってからは方位磁針が欠かせないものとなりました。その頃利用していた磁石は人工磁石ではなく、**「天然磁石」**だったのです。

では、天然磁石とはどのようなものなのでしょう？

天然磁石とは文字通り、天然に、つまり自然に作られた磁石のことです。

天然磁石のもとになっている物質は、主に磁鉄鉱などの鉄鉱石です。これは初めから

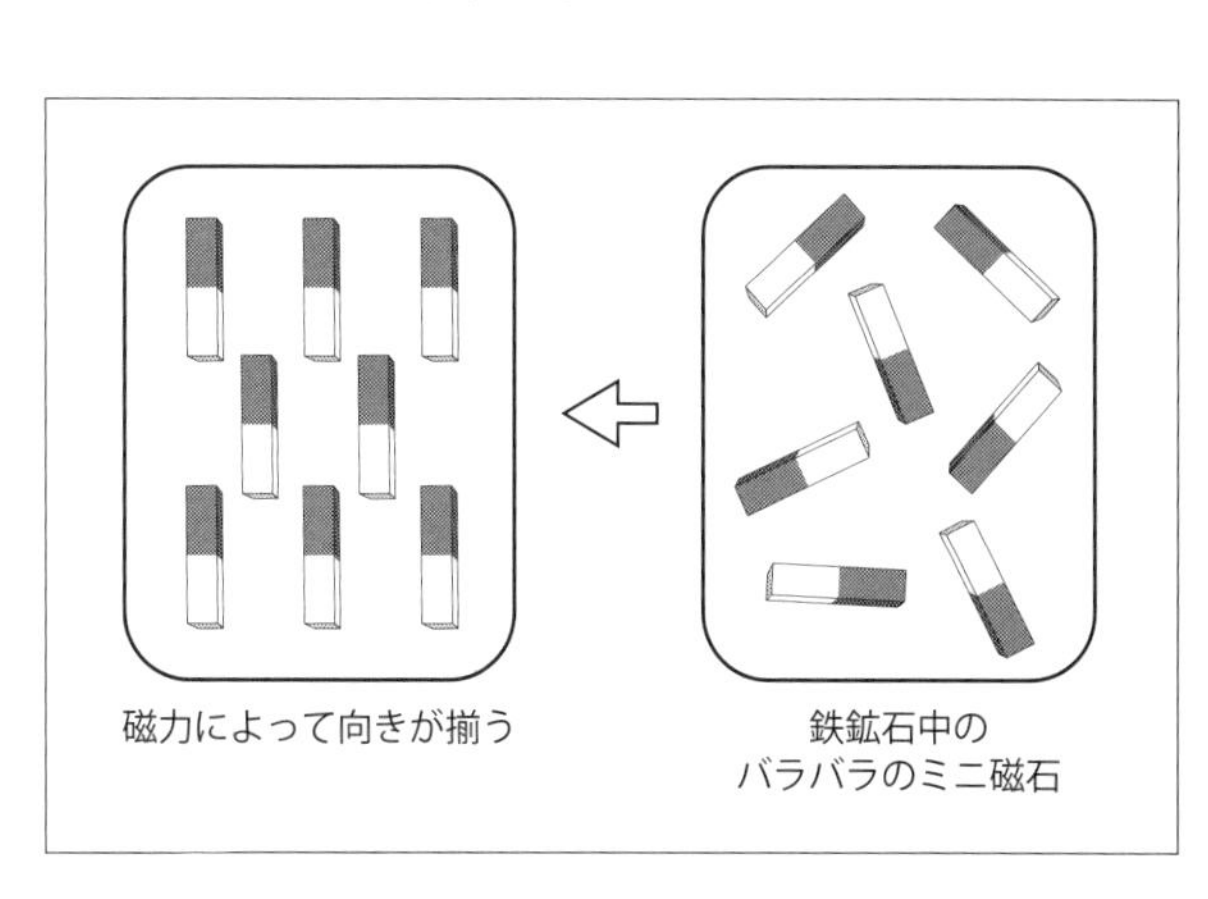

磁石だったわけではありませんが、雷で生じる強力な磁力など、自然現象によって上図のように磁化されていきました。もちろん、これには長い年月がかかっています。

また、火山から噴出したマグマが冷え固まって火山岩になるときにも、地球の磁場から影響を受けて、上図と同じような仕組みで弱い磁石となります。

雷などの自然現象によって磁化された天然磁石が見つかるとき、その磁力の向きはいろいろです。

しかし、地球の磁場によって磁化された天然磁石が見つかるときには、その磁力は地球の磁場と同じ向きに揃っています。

ということは、地球の磁場によって磁化された岩石はすべて向きが揃っていそうですが……じつは、岩石調査から面白いことが分かりました。

じつは、現在の地球の磁場と逆向きに磁化された岩石が発見されたのです。ということは……そう、その岩石が磁化された当時、地球の磁場の向きは現在とは逆向きだったということが分かるのです！

年代別の岩石の調査から、過去に何度も地球の磁場は逆転してきたことが分かっています。近いところ（といっても大昔ですが）では、約１００万～２００万年前の期間、約３５０万～５００万年前の期間は、地球の磁場は現在と逆向きだったことが分かっています。

原因は完全には究明されていませんが、**地球の内部を流れる電流が現在と逆向きだったこと**が分かります。

大昔の地球のことが分かってしまうなんて、不思議な感じがしますね。

電気と磁気
No.11

オーロラが見られるのは地球磁場のおかげ

日本では見られませんが、北極や南極付近では、きれいに輝くオーロラを観測することができます。これを目当てに旅行する人も大勢いますね。

じつは、美しいオーロラの発生にも、物理の法則が関係しています。

太陽からは、１秒間に１００万トンもの電子・陽子・イオンなどが放出されています。これを「太陽風」といいます。

地球へもこの一部が飛んできます。地球付近では平均で1立方センチメートル中に5個ほど含まれていて、およそ秒速４５０キロメートルもの速さで飛んできます。

太陽風は電気を持った粒子なので、**「荷電粒子」**と呼ばれます。動いている荷電粒子は、磁場から力を受けます。「ローレンツ力」と呼ばれる力です。太陽風が地球へ近づくと、

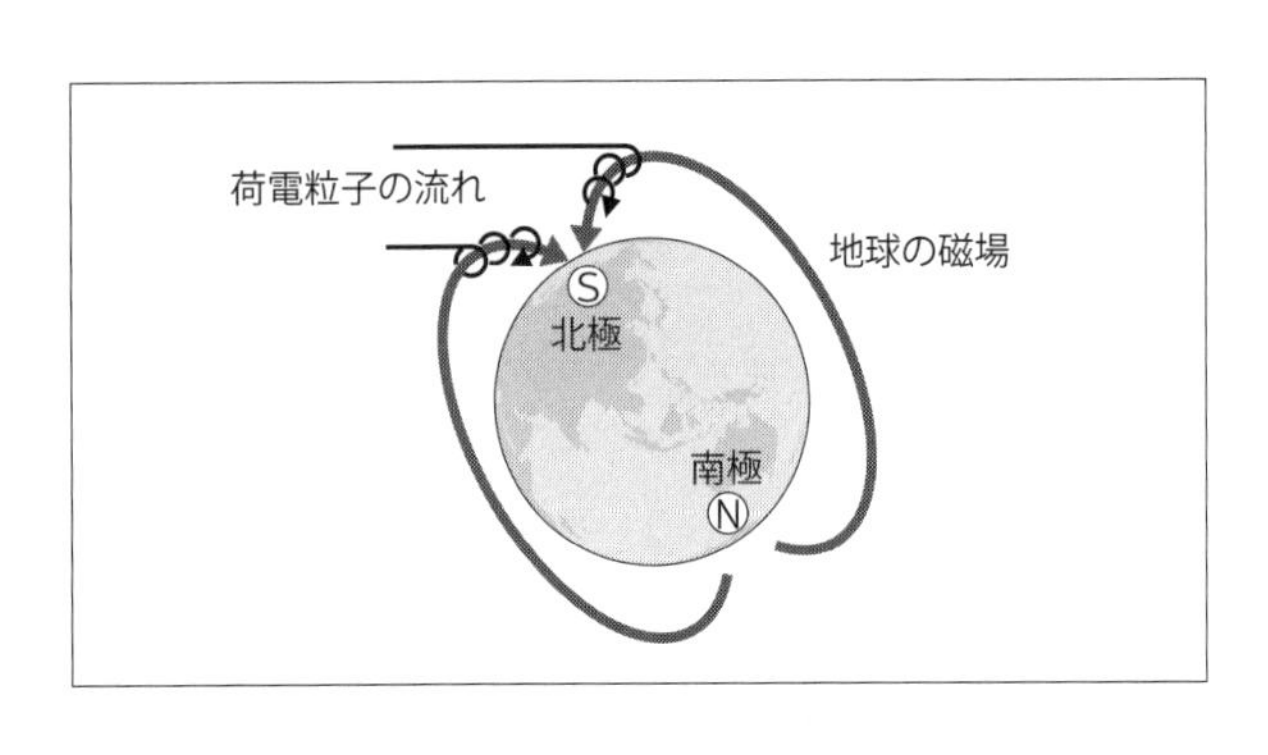

地球の作る磁場からローレンツ力を受けることになります。そして、荷電粒子はローレンツ力を受けることで地球磁場に巻きつき、そのまま大気圏へ突入していきます。

高速の荷電粒子が大気に突入すると、**大気中の分子が発光します**。これがオーロラです。

この原理は、街角にあるネオンサインと同じです。ネオン管が発光するのは、電子が衝突した「ネオン」という名の原子が発光するからですが、原理はオーロラと同じなのです。

オーロラが発光するのは、高度100〜500キロメートルです。これは、成層圏（高度10〜50キロメートル）、中間圏（高度50〜80キロメートル）よりも上空の、熱圏というエリアです。

オーロラの色は、発光する気体の原子や分子の種類によって異なります。例えば、窒素分子だとピンク、窒素が電気を帯びたイオンになっている場合は紫や青、酸素原子だと明るい緑や赤となります。なお、酸素分子は重いため、１００キロメートル以上の上空には少ししか存在しません。

このように、**オーロラが発生するには「大気」と「磁場」の両方が必要となります。**大気も磁場も持つ木星や土星では地球同様にオーロラを観測できるそうですが、火星には大気はあってても磁場がないためオーロラを見ることはできないそうです。

地球が巨大な磁石であるおかげで、人類はオーロラという美しいものを見られるのですね。

電気と磁気 No.12

太陽の磁場が地球を寒冷化させるかもしれない？

２０１２年4月19日、国立天文台や理化学研究所などが、太陽の周期的な磁場の変化に異変が起きる可能性があることを発表しました。そして、その後実際に異変が観測されているそうです。

そう言われてもピンとこない人も多いと思いますので、まずは太陽の磁場について説明し、そしてそれが私たちにどんな影響を与えるのかについて説明します。

現在の地球は北極がS極、南極がN極の巨大な磁石となっています。しかしこれは現在の話であって、地球の磁場はかつて何度も反転を繰り返してきました。直近では、１００万年近く前までは北極がN極、南極がS極でした。同じように**太陽にも磁場があり、周期的に逆転しています**。

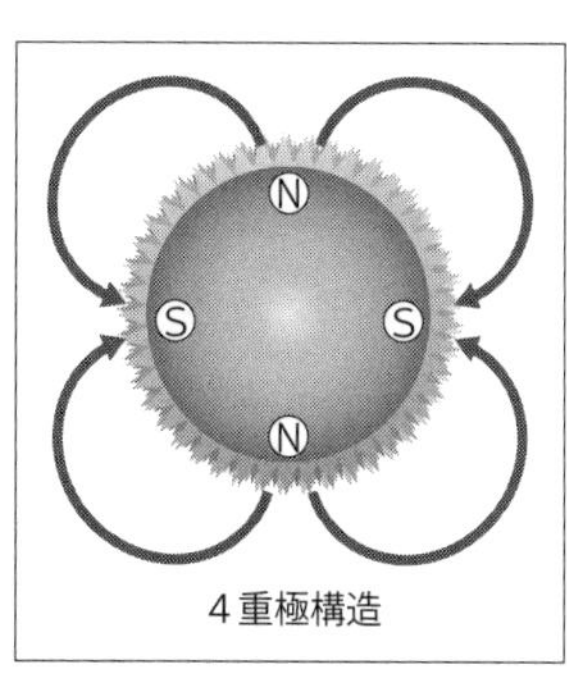

４重極構造

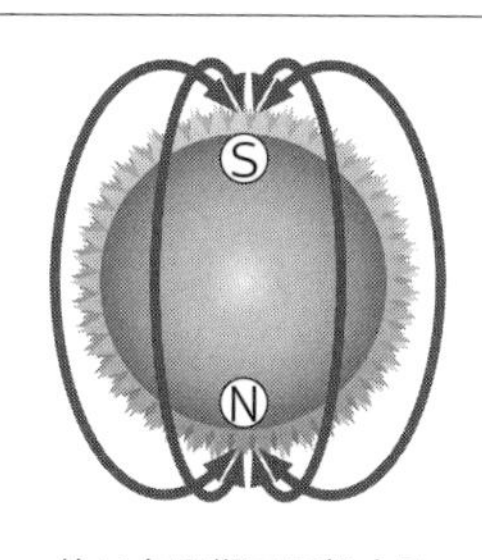

約11年周期で反転する

現在の太陽は上図右のような状態なのですが、**反転周期は約11年**なので、次は２０１３年5月に反転が始まると予想されていました。

ところが、太陽観測衛星「ひので」の観測によると、それより1年ほど早く北極だけで反転が始まったというのです。

南極は変化せず北極のみが変化すると、太陽の磁場は上図左のような**「4重極構造」**になると考えられています。

このことが話題になっているのには、理由があります。それは、17世紀半ばから18世紀初頭にかけて地球が寒冷化したときにも、同じように太陽が4重極構造であったことが分かっているからです。今回も、太陽の磁場変動の異変が地球を温暖化どころでなく寒冷化に導くのではないか、と懸念されているのです。

17世紀半ばから18世紀初頭の寒冷化では、スイスのアルプスの氷河が低地へ拡大し農村を飲み込んでいったり、ロンドンのテムズ川、オランダの運河や河川、またニューヨーク湾なども凍結したそうです。ヨーロッパ各地では飢饉が起こり、戦争が起こりました。日本ではちょうど江戸時代です。江戸時代には多くの飢饉が起こりました。もちろん火山噴火による寒冷化などさまざまな要因があったのですが、太陽活動の異変も一因だったのではと言われています。

二酸化炭素など温室効果ガスによる温暖化ばかりが問題視されていますが、じつは**科学者の間では寒冷化を心配する声が非常に多い**のです。

地球が温暖化ではなく寒冷化する可能性を指摘する科学者は大勢いますが、その中から代表的な説をひとつ紹介します。

デンマークの科学者、ヘンリク・スベンスマルクの説です。これは、一言で言うと「太陽活動の減衰によって地球が寒冷化する」という説です。

先ほど述べたように、太陽活動は地球の気温に影響を与えます。その理由は大きく2

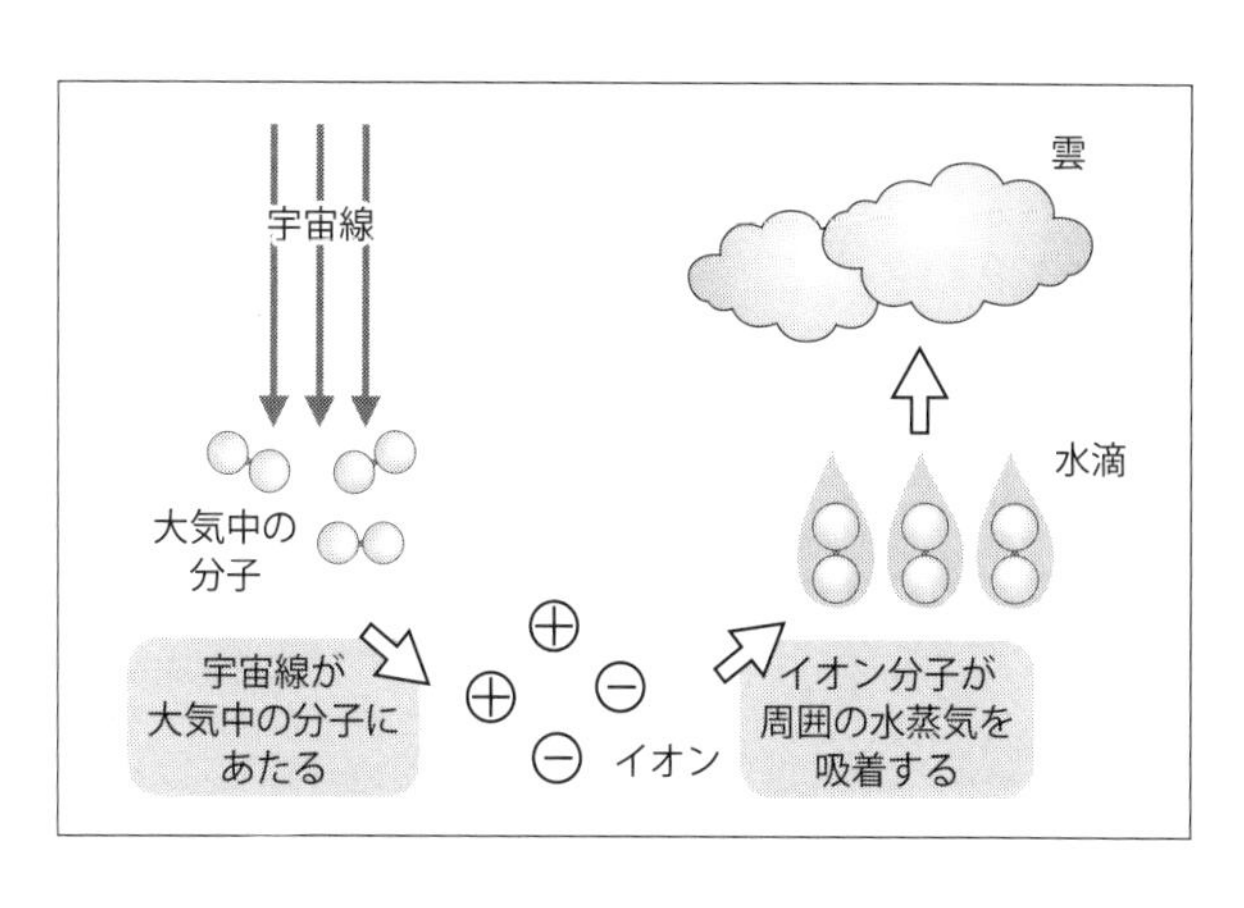

つあります。

１つめは、太陽活動が減衰すれば地球に降り注ぐ太陽光も減少し、地球が太陽から受け取る熱エネルギーが減少するという、非常に分かりやすい話です。

２つめは少し難しい話になります。

まずは、**宇宙線**による雲の発生について理解する必要があります。

上図を見て下さい。地球には絶えず、宇宙線が降り注いでいます。宇宙線とは、種々の原子核や素粒子です。

宇宙線が地球に降り注いで大気中の分子にあたると、分子がイオン化といって、プラスやマイナスの電気を持つものに変わります。このイオンは別のイオンと結合してより大きな分子となり、さらに周囲の水蒸気を吸着することで水滴となります。そしてこれが集まると、雲になるのです。

以上が宇宙線によって雲ができる仕組みなのですが、雲の量は地球の気温に大きな影響を与えます。雲は太陽光を反射するからです。つまり、雲の増加は地球を寒冷化の方向へ導くのです。

では、ここに太陽活動はどのように関わってくるのでしょう。

太陽活動が活発になると、地球周辺にまで及ぶ太陽磁場も強くなります。そして、太陽磁場は宇宙線を吹き飛ばす働きをします。これによって、地球に降り注ぐ宇宙線が減るのです。そうすれば、宇宙線によって発生する雲も減るため太陽光の反射も減少し、地球は温暖化することになります。反対に太陽活動が減衰すれば、この逆が起こって地球は寒冷化に向かうことになります。

以上の2つの理由により、太陽活動の減衰は地球の寒冷化につながると説明されています。

それでは、太陽活動は今後活発になるのか、それとも減衰するのか。これが問題になっ

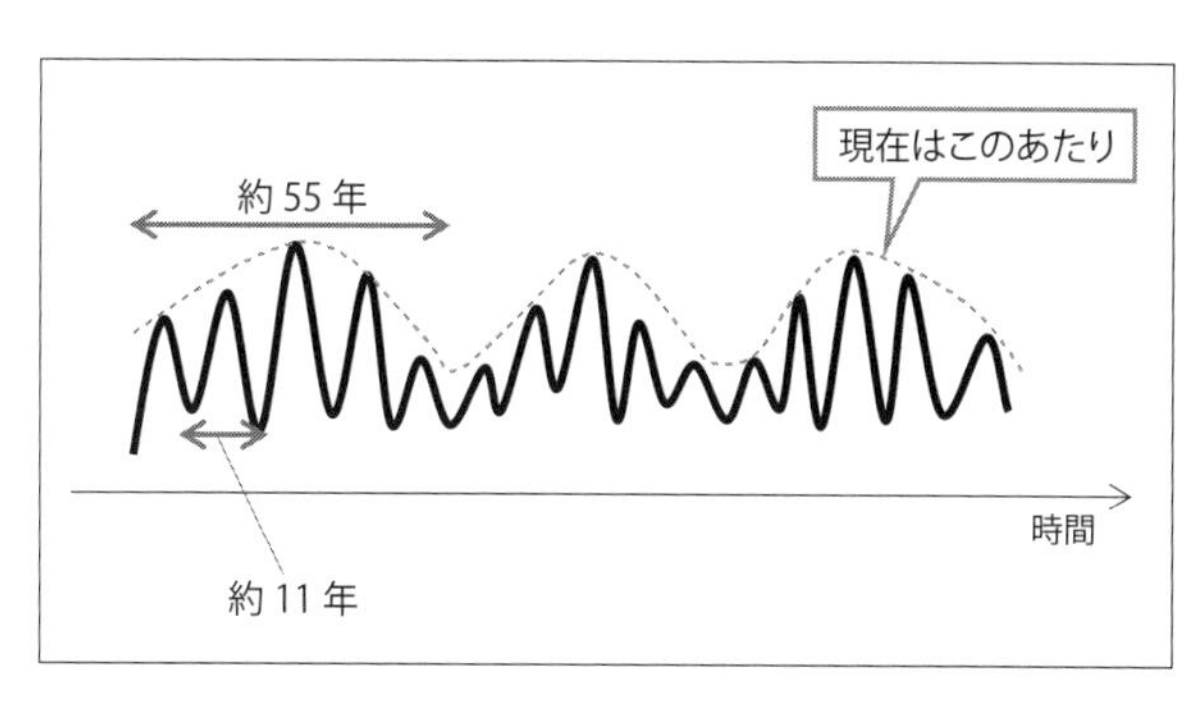

てきます。

上図は、太陽活動のサイクルを簡略化して表したものです。これはあくまでイメージであり、正確性のあるものではありません。

図に示すように、太陽活動は約11年周期で変化しています。そしてそのピークを結んでいくと、約55年というさらに大きな周期での変化も存在することが分かっています。

この大きな周期で見ると、現在は太陽活動はピークを過ぎ、減衰に向かっている位置にあることが分かるのです。だから今後、地球は寒冷化に向かうだろうというのがヘンリク・スベンスマルクの説です。

実際に、17世紀半ばから18世紀初頭にかけて地球が寒冷化した時期には、太陽活動が減衰していたことが分かっています。

この項で紹介した内容は、はっきりと証明されたことではなくあくまで仮説です。実際、この説に批判的な科学者もいます。

しかし、このような説もあるにも関わらず、二酸化炭素による温暖化一辺倒なメディア報道はいかがなものかと思います。地球が温暖化するか寒冷化するかは時間がたてば分かることですが、温暖化だけでなく寒冷化に備えておくことも必要ではないでしょうか。もし寒冷化して食糧生産が減少すれば、世界は大変なことになるでしょうから。

第6章
電磁力が生活を便利にする

電磁力 No.1

かざすだけで自動改札を通過できるICカードの仕組み

駅の自動改札機は、カードをかざすだけで通過できるようになっています。いちいち定期券を取り出して通すという手間が省けてとても便利ですが、いったいどんな仕組みなのでしょう?

カードをかざすだけで通過できる不思議に迫ってみたいと思います。

自動改札機にかざすカードは**「ICカード」**と呼ばれます。ICとは集積回路のことで、じつはカードの中には非常に小さな回路が組み込まれているのです。さらに、カードの中にはアンテナも入っています。

このカードを自動改札機にかざすと、カードの中の集積回路に電気が流れます。それは、自動改札機からは常に周波数13・56メガヘルツの電波が放出されているからです。

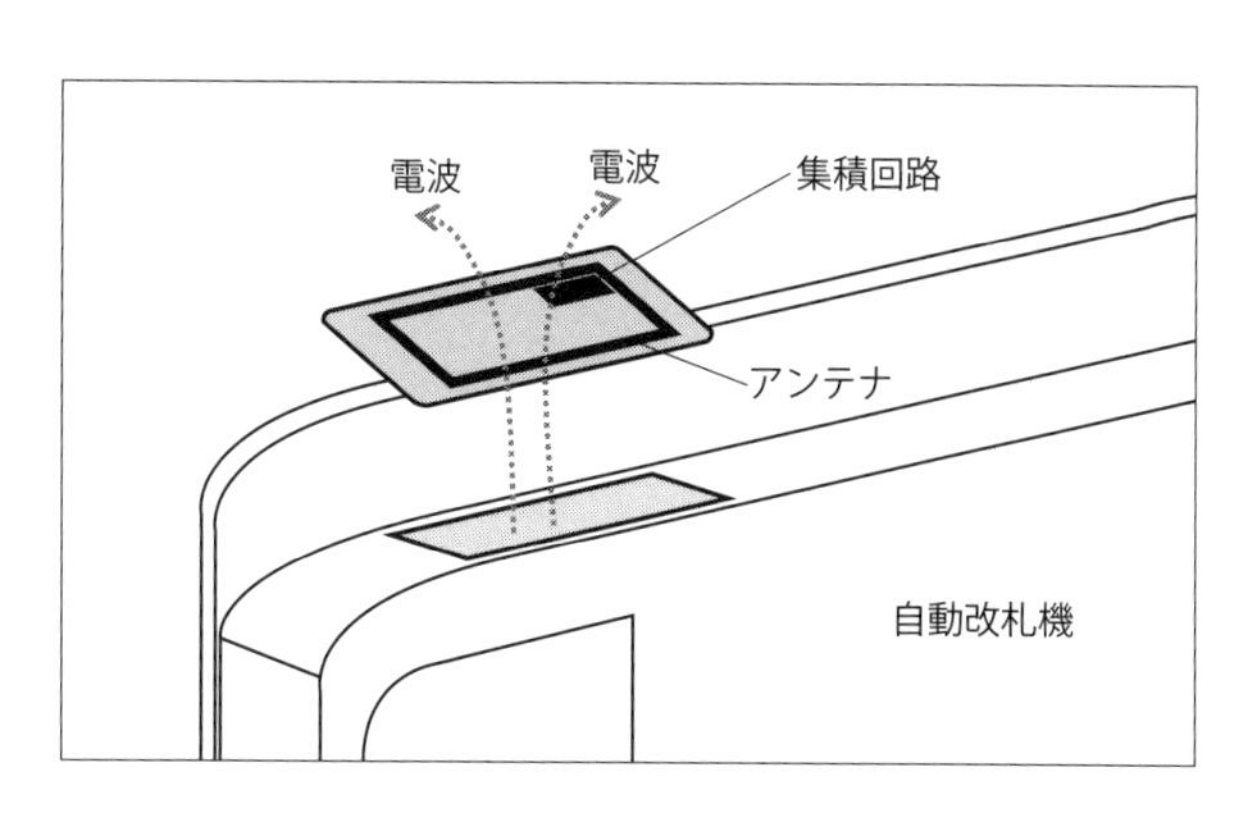

この電波を受信すると、電流が生じるのです。

なぜ電波を受信することで電流が生じるのでしょうか？

それは、電波の中には**変動する磁場**が含まれているからです。

変動する磁場は、電流を生み出します。この現象を**電磁誘導**といいます。つまり、電磁誘導によって、ＩＣカードに電流が流れるのです。

カードに電流が流れると、「どの駅で入場した」「どの駅で退場した」という情報が書き込まれます。

例えばＪＲ東日本の「Suica」の場合、かざしたカードが正しいものか認証し、入金額を読み取り、日時や駅名の情報を書き込むという一連の操作が、0.1秒という短時間のうちに行われます。このようなすばらしい技術があるからこそ、実用化されているのですね。

他にも、「Edy」「nanaco」「WAON」などの電子マネー、会社や大学などの身分証、マンションなどの入室で使う電子キーにも同じ技術が活用されています。

電磁誘導は、**ICタグ**（電子荷札）にも利用されています。

ＩＣタグの中にも、集積回路とアンテナが入っています。アンテナがあるため、電波を受け取ると電磁誘導が起こります。そして、そのエネルギーを利用してみずからも電波を発します。

この仕組みを利用して、ＩＣタグはいろいろなところで利用されています。

ＩＣタグのついた商品をレジを通さずに持ち出そうとすると、ゲートでアラーム音が鳴ります。アンテナがゲートからの電波を受け、信号を送るためです。ＩＣタグの情報は書き換えることができるので、レジで手続きをすることでアラーム音は鳴らなくなります。

また、工場や倉庫でもＩＣタグが活躍しています。

商品にＩＣタグを付け、工場や倉庫の前にゲートを設置します。そうすれば、どの商品がいつどれだけ通過したかという情報を記録することができます。この情報をネットワークで共有すれば、どこにどの商品がどれだけあるか、ということを常に正確に把握でき、無駄が省けます。

　このように、ＩＣタグにはバーコードを利用したタグなどにはない利点がたくさんあるので、普及が進んでいます。現代には、なくてはならない存在かもしれませんね。

電磁力 No.2

電気自動車やアイロンに活用されている電磁誘導

前項で紹介したカードの例以外にも、電磁誘導が活用されているものは身近に非常にたくさんあります。ここではその例をいくつか紹介したいと思います。

・電気自動車の充電

電気自動車は、普通は充電器を差し込んで充電します。そのため、特定の場所でしか充電できません。また、充電には時間がかかり、１回の充電で走れる距離もガソリン車などに比べて短いものが多いのが現状です。

これらは、環境によいとされる電気自動車の普及を妨げている大きな要因です。そこで、これらの課題を解決するひとつの方策として、電磁誘導を応用した充電方式が研究されています。

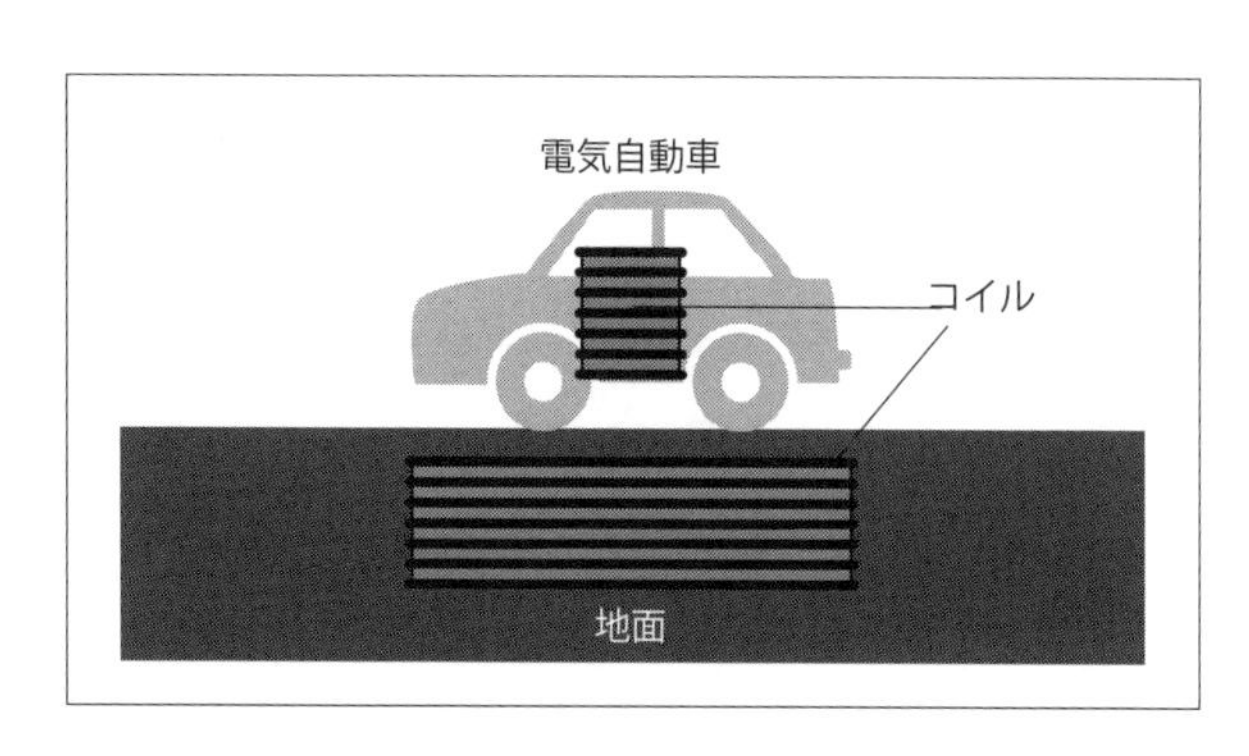

上図のように、地面の中にコイルを埋め込んでおきます。これに交流電流、つまり変化する電流を流すと、**変化する磁場**を生み出します。

そして、電気自動車側にもコイルを装備しておきます。すると、電気自動車が地中のコイルの真上に来たとき、電磁誘導によって充電されます。この方法なら、一切接触せずに充電することができ、便利です。

例えば、街中を周回するバスは頻繁に停車します。そこで、各停車位置にコイルを埋め込んでおき、充電するのです。そうすれば、バッテリー切れということが起こらず、走りつづけることができます。充電器差し込みによる長時間の充電は不要です。

このような無接点充電方式は、携帯電話やコードレス電話、電動歯ブラシの充電などで実用化されています。また、工場内を移動するロボットの移動経路に給電線を敷き、電磁誘導で充電するという方法でも利用されています。

・高温にならないアイロン

アイロンは使用時に高温になるので、使用後も不注意で触ってしまうと、たいへん危険です。そこで、電磁誘導方式にするのです。

アイロンの中にコイルを入れ、コイルの電流を変化させます。すると、電気自動車の充電の場合と同様に、電磁誘導によってアイロン台に電流が流れます。このとき、アイロン台は電流が流れるように金属製にする必要があります。電流が流れるアイロン台は発熱しますので、普通のアイロンと同じように利用できます。

この仕組みなら、アイロン台は高温になりますがアイロン自体は熱くならないので、危険が避けられるだろうというわけです。

電磁誘導を利用する装置には研究中のものも多く、これからますます活躍の幅が広がっていきそうですね。

電磁力
No.3

ＩＨ調理器では渦巻き電流が大活躍

最近は、ガスを使わなくて済むＩＨ調理器を使う家庭が増えています。ＩＨとは「Induction Heating」のことで、**「電磁誘導による加熱」**という意味です。つまり、ＩＨ調理器でも電磁誘導という現象が使われているのです。

一体どんな仕組みなのでしょう？

ＩＨ調理器の中には、コイルが入っています。そこへ電流を流すとコイルが電磁石となって磁場が生まれます。このとき、コイルに交流電流が流れれば生じる磁場も変化し、磁場の変化によって電磁誘導が起こるわけです。

ＩＨ調理器の場合は、プレートの上に置いた鍋の底に、電磁誘導によって電流が流れるようになっています。

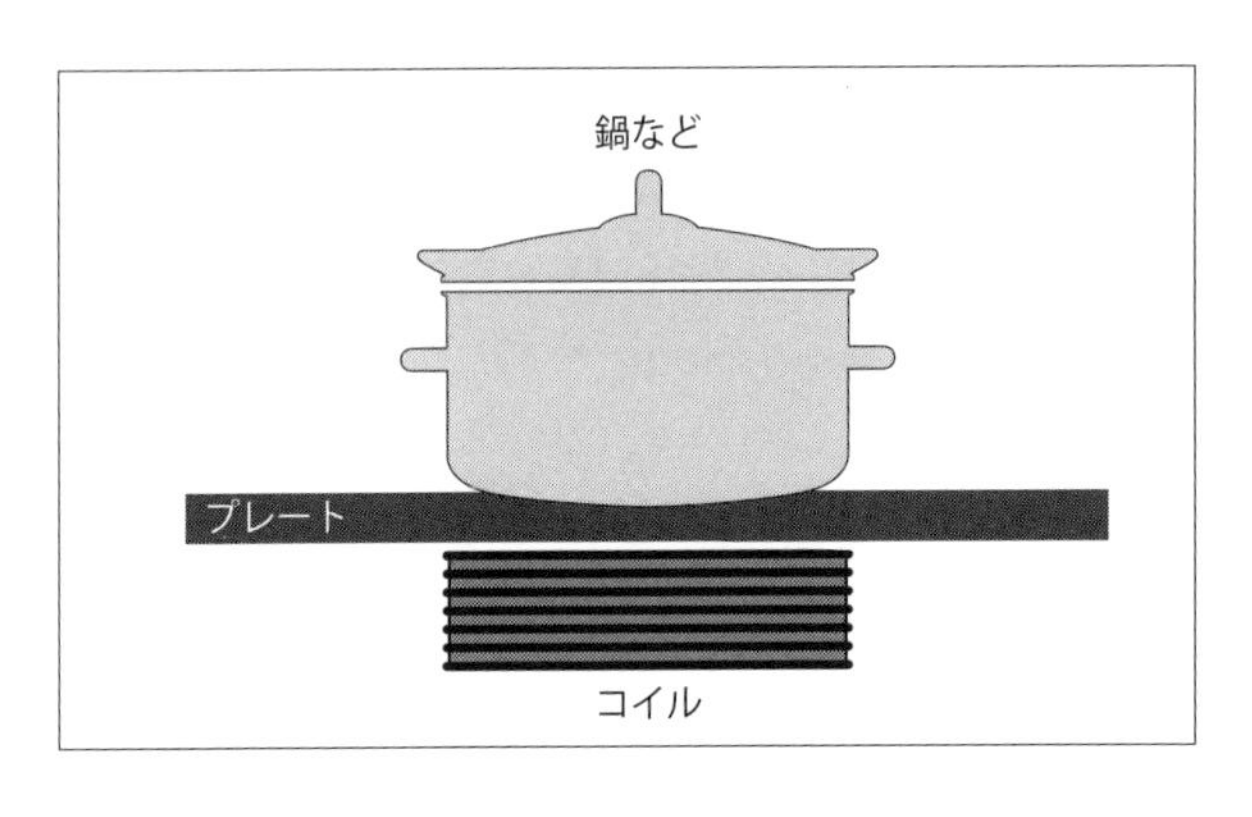

この電流は渦を巻くように流れるので、**渦電流**と呼ばれます。そして、渦電流が流れると熱が発生するので、これを利用して調理ができるわけです。

家庭で使う交流電流の周波数は、地域によって違いますが、50ヘルツか60ヘルツです。これは、1秒間に電流の向きが50回または60回変わるということです。

しかし、ＩＨ調理器の場合はインバーターという装置によって、電流を2万ヘルツほどの高周波に変換しています。こうすることで、生じる渦電流が格段に大きくなり、強力な加熱も可能になっているのです。

ちなみに、鍋が鉄などの「強磁性体」と呼ばれるものでできていると、電磁誘導が起こりやすくなります。つまり、強磁性体ではない銅やアルミニウムに比べて、ＩＨ調理器に向いているということなのです。

ＩＨ調理器には、オールメタルタイプと通常タイプがあります。銅やアルミニウムの鍋でも使えるのがオールメタルタイプ、使えないのが通常タイプです。

オールメタルタイプでは周波数を通常タイプの３倍程度にしているので、より激しく電磁誘導が起こります。そのため、強磁性体でない銅やアルミニウムの鍋でも使えるのです。しかし、やはり銅やアルミニウムだと、効率は悪くなります。

なお、土鍋やガラス製の調理器など、電気を通さないものはどちらのタイプでも使用不可です。さらに、素材に関係なく底が平らでない鍋は電流が発生しにくく、効率が下がってしまいます。

ＩＨ調理器の仕組みが理解できると、効率的な使い方も分かってきますね。

電磁力
No.4

ラジオの電波はなぜ世界中に届く？

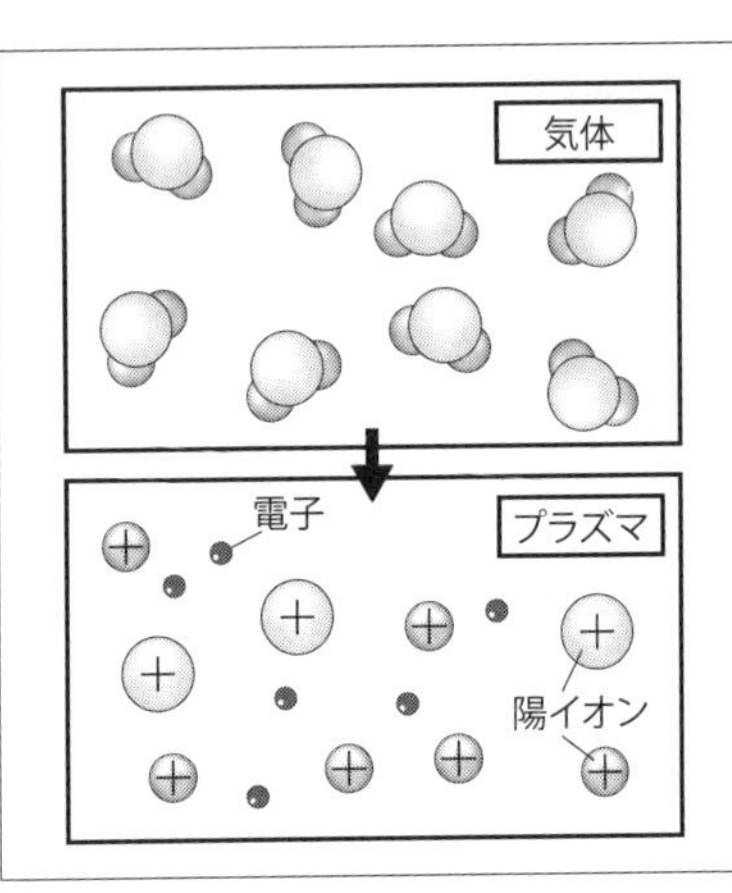

多くの人にとっては、「電磁波」よりも**「電波」**という言葉の方がなじみがあると思います。似た言葉ですが、どう違うのでしょう？

じつは、電波というのは電磁波の中の一部で、**電磁波の中でも波長が長い範囲のもの**を電波といいます。電波は実にさまざまな用途に使われていて、私たちの周囲は電波だらけなのですが、そのひとつがラジオです。

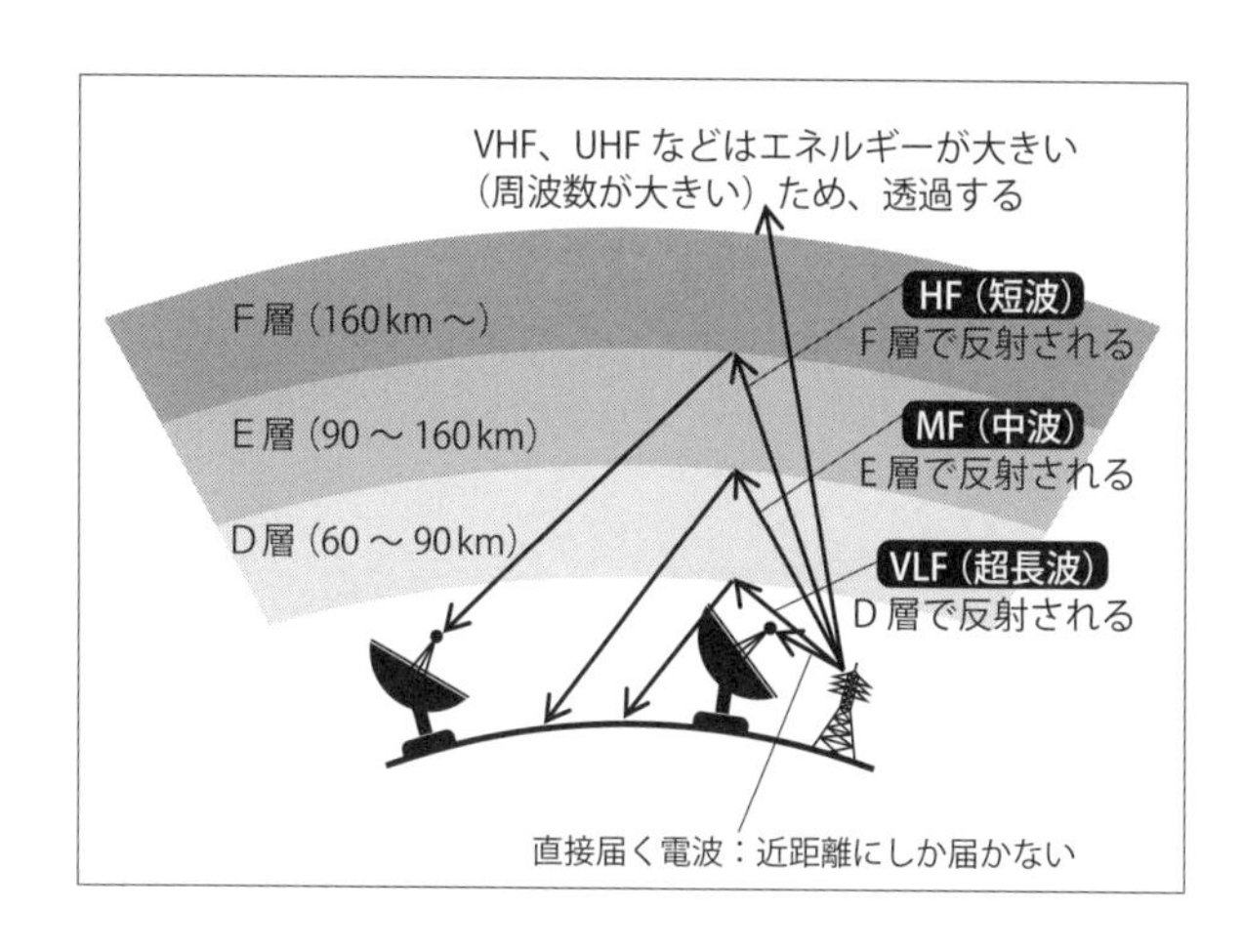

ラジオには、国際放送もあります。海外へ電波を伝えるのは大変そうですが、どのようにして届けているのでしょう？

地球の上空には、**「電離層」**というエリアがあります。これは、太陽光線や宇宙線（宇宙からやってくる放射線）によって、大気中の原子や分子がプラズマ状態になった大気層のことです。

プラズマ状態とは、原子から電子がはじき出されて陽イオンと電子が混ざっている状態のことです。

そして、電離層はいくつかの階層に分かれているのですが、電波はそれぞれ上図のように電離層で反射します。

図から分かるように、Ｆ層で反射するＨＦ（短波）がもっとも遠くへ届きます。Ｆ層で反射した電波が地表で反射し、それがまたＦ層で反射して、という感じで何度も反射を繰り返しながら世界中へ伝わっていくのです。

そのため、国際ラジオや船舶無線、アマチュア無線など遠距離通信にはＨＦが利用されているのです。

ちなみに、Ｅ層で反射するＭＦ（中波）は、Ｄ層でほとんど吸収されてしまいます。そのため、基本的には地表を伝わる電波として、ＡＭラジオなどで使われています。ただし、夜間はＤ層が消えるので、Ｅ層で反射して遠くまで届きます。夜間に遠くの放送局の電波を受信できることがあるのは、このためです。

ラジオでいろいろな種類の電波を使い分けているのには、ちゃんと理由があるのですね。

電磁力
No.5

アナログ放送とデジタル放送の違い

テレビ放送は、ラジオと同じく**電波**によって行われています。

アナログ放送時代には、VHF（超短波）帯の90～220メガヘルツの電波と、UHF（極超短波）帯の470～770メガヘルツの電波を使っていました。しかし、VHF、UHF帯の電波は携帯電話でも使用しますので、携帯電話の普及に伴ってこの帯域がたいへん混雑してきました。

そこで、テレビ放送に使う電波の周波数帯をコンパクトにする目的もあり、デジタル放送へ移行しました。

デジタル放送となって、使用する電波はUHF帯の470～710メガヘルツに収まるようになりました。これにより、空いた帯域を携帯電話などで利用することが可能となったのです。

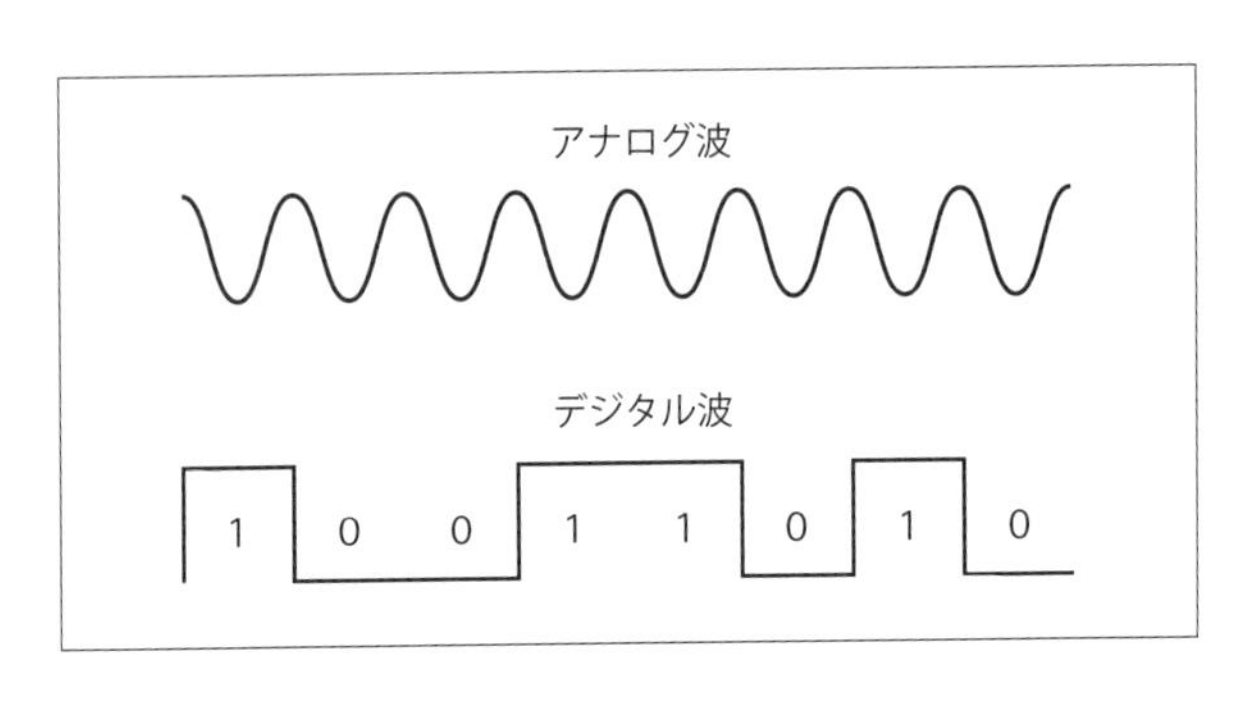

ところで、デジタル放送はアナログ放送と何が違うのでしょう？　そのことについて、簡潔に説明したいと思います。

「アナログ」とはつながっていることを、「デジタル」とはとびとびの値であることを表します。アナログ時計とデジタル時計を思い出してもらえれば分かると思います。

電波だと、上図のようになります。では、デジタル放送ではこのようなデジタルな波を使っているのでしょうか？

そうではありません。デジタル放送といえど、**使用しているのはアナログ波**です。ただ、アナログ波を使ってデジタルな情報を送っているのです。

デジタルな情報というのは、2進法の「0」か「1」

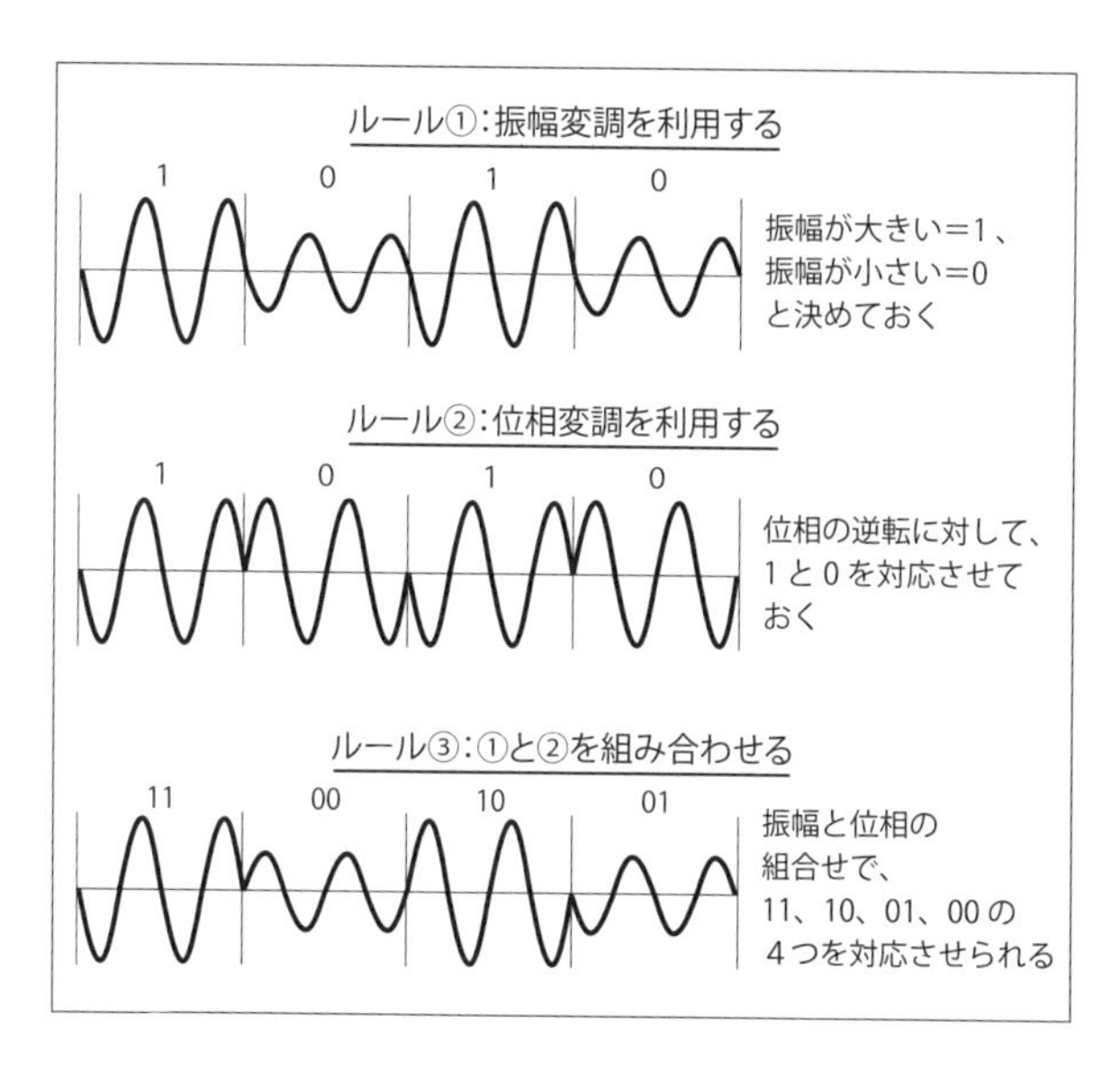

という情報です。

上図の①～③のようなルールを決めることで、このデジタル情報をアナログ波によって伝えることができるのです。

これが、アナログ波によってデジタル情報を伝えるデジタル放送の仕組みです。

なお、位相のずれのパターンを増やすことで、対応させる情報をさらに増やすことができます。

デジタル放送では、圧縮技術も利用されています。画像情報をその都度すべて送っていたのでは情報量が膨大になってしまうので、前画面から次画面で変化している部分の情報のみを送る、という方法です。これによって情報がかなりコンパクトになります。

ちなみに、テレビ放送で使用する電波の周波数は、前項で記したラジオの周波数より大きいです。ということは、ラジオの電波より波長は短く、障害物の裏へ回り込む度合いはより小さくなります。アンテナが高いビルなどの陰に隠れるとうまく受信できないのは、このような理由によります。

ケーブルによる情報伝達であれば、電圧のオンとオフや、光の点滅を使うことでデジタルデータを伝えることができます。電波で情報を伝えるときにはこのようなことは難しいので、ここで紹介したような工夫をしているのです。

大量の情報が一瞬にして飛び交う現代は、高度な技術によって支えられているのが分かりますね。

電磁力 No.6

携帯電話で使われているのはどんな電波？

現在もっとも頻繁に使っている電波は、携帯電話の電波かもしれません。満員電車の中などでは、多くの電波が飛び交っています。

携帯電話で使用する電波は、８００メガヘルツ帯、1・5ギガヘルツ帯、1・7ギガヘルツ帯、2・0ギガヘルツ帯のものです。これらは、電波の中でも周波数の大きい領域である**マイクロ波**に分類されます。

マイクロ波は、電子レンジでも使われています。電子レンジで使用するマイクロ波の周波数は2・45ギガヘルツで、携帯電話で使用する周波数はこれに近いのです。

もし電子レンジの中に人が入ってスイッチオンになったら、急激に体温が上がって大変なことになります。しかし、それに近い周波数の電波を携帯電話は日々使っているのです。

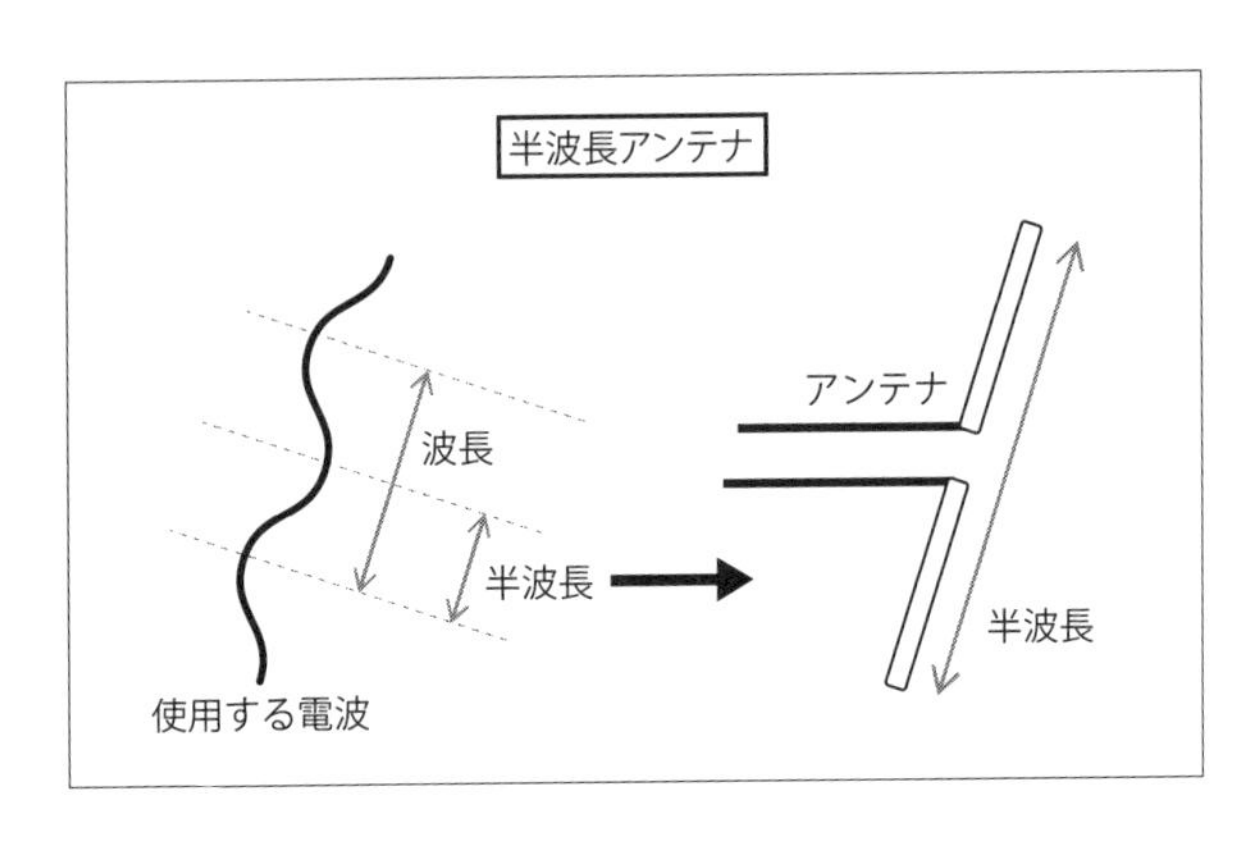

もちろん、その強度はまったく違います。携帯電話で使用するマイクロ波は電子レンジに比べてきわめて微弱です。だから大丈夫なのだと言われていますが、本当に人体への影響がないのか、検証が必要です。

ところで、携帯電話ではなぜこのように周波数の大きいマイクロ波を使うのでしょう？　もっと周波数の小さい電波を使えば、より安全なのに。

これには2つの理由があります。

1つは、**周波数が大きいほど送信できる情報量が多くなる**ことです。そしてもう1つは、**周波数が大きい電波ほど波長が短くなる**ため、アンテナが短くて済むという理由があります。

アンテナにはいくつか種類がありますが、代表

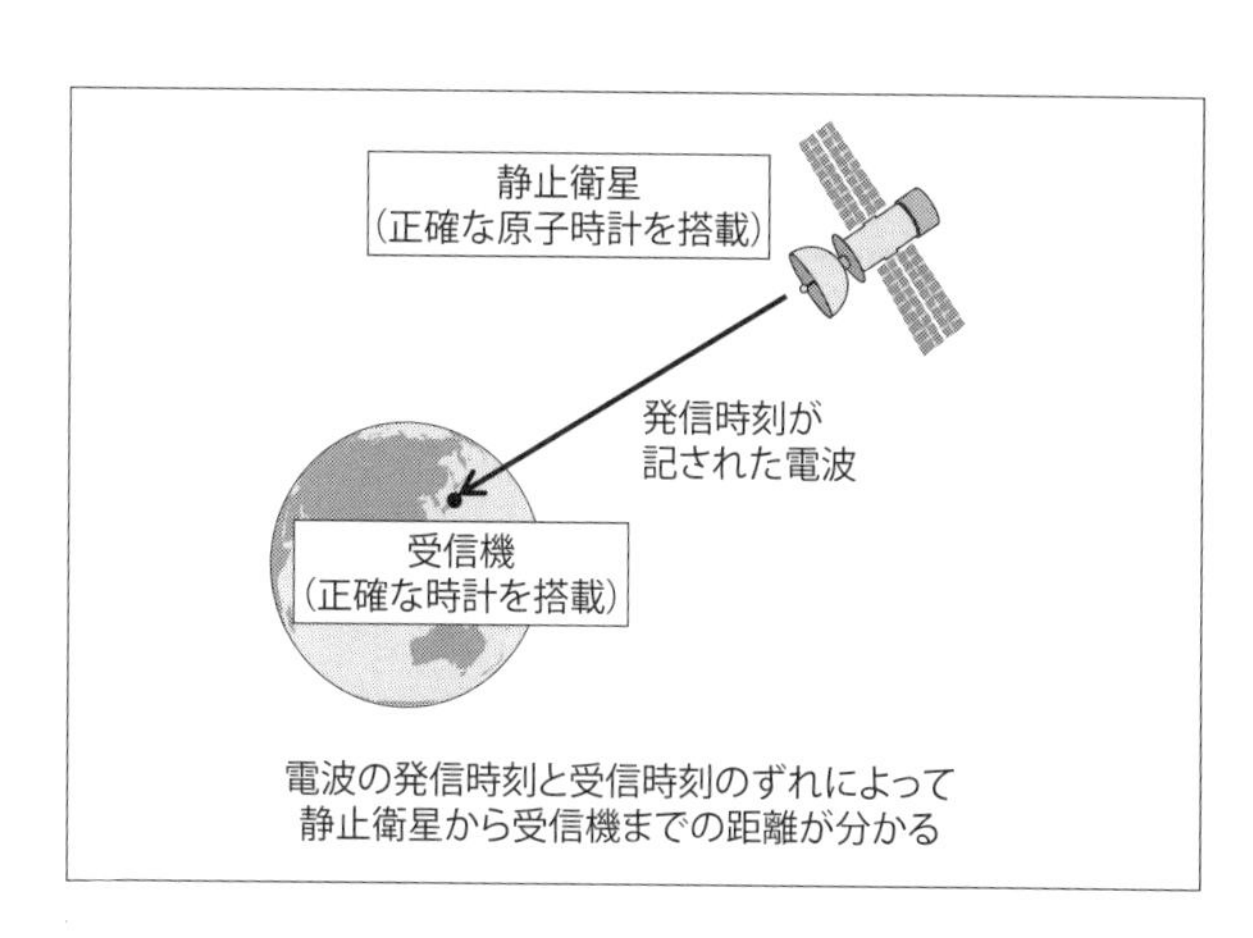

的なのが半波長アンテナです。右上図のように、電波の波長の半分の長さで、電波を送受信できます。

携帯電話で使用する電波の波長は、８００メガヘルツ帯で40センチメートルほど、２・０ギガヘルツ帯なら15センチメートルほどなので、短いアンテナで済むのです。

テレビ放送で使う電波も比較的波長が短く、半波長アンテナを使っています。

ちなみに、アンテナはレーダーやＧＰＳでも利用されています。

目標物へ電波を発射し、反射波が戻ってくるまでの時間から目標物までの距離、目標物のある方角を測定するのがレーダーです。

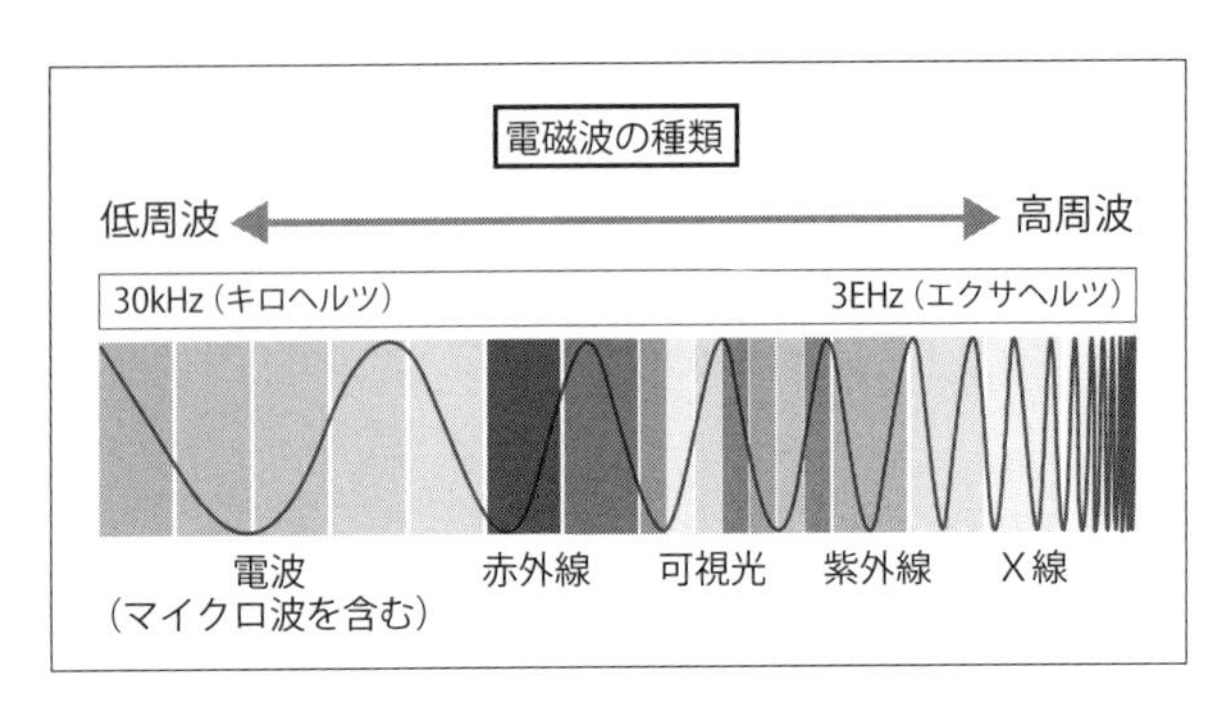

例えば、気象レーダーでは雨や雲の水滴に向けて電波を発射し、その位置を測定します。また、空港では管制塔から電波を発して飛行機で反射させ、飛行機の位置を確認しています。地球観測衛星は、地表からの赤外線をキャッチして温度分布を調べています。

ＧＰＳでは前ページの図のように静止衛星から受信機へ向けて電波を送ります。このとき、電波の送受信はアンテナで行っているのです。

マイクロ波の用途としては他にも、近年増加している無線インターネットなどもあります。

このように、大量の情報を送信でき、かつアンテナを短くできるマイクロ波の用途は多岐にわたっています。

電磁力
No.7

電子レンジの中では水分子が大忙し

前項で、携帯電話で使われている電波について説明しましたが、これと同じＵＨＦ（極超短波）を利用しているのが、電子レンジです。電子レンジでは2・45ギガヘルツの**マイクロ波**を使っています。

電子レンジ内のマイクロ波を発生させる部分には、モリブデンという金属を使います。モリブデンは鉄に混ぜると強度が増すため、車体、橋のワイヤー、包丁などにも使われている金属です。

モリブデンが電子レンジに利用されるのは、その融点が２６２３度とたいへん高いためです。というのも、電子レンジでマイクロ波を発生させるときには、発生部分は１５００度にもなるからです。

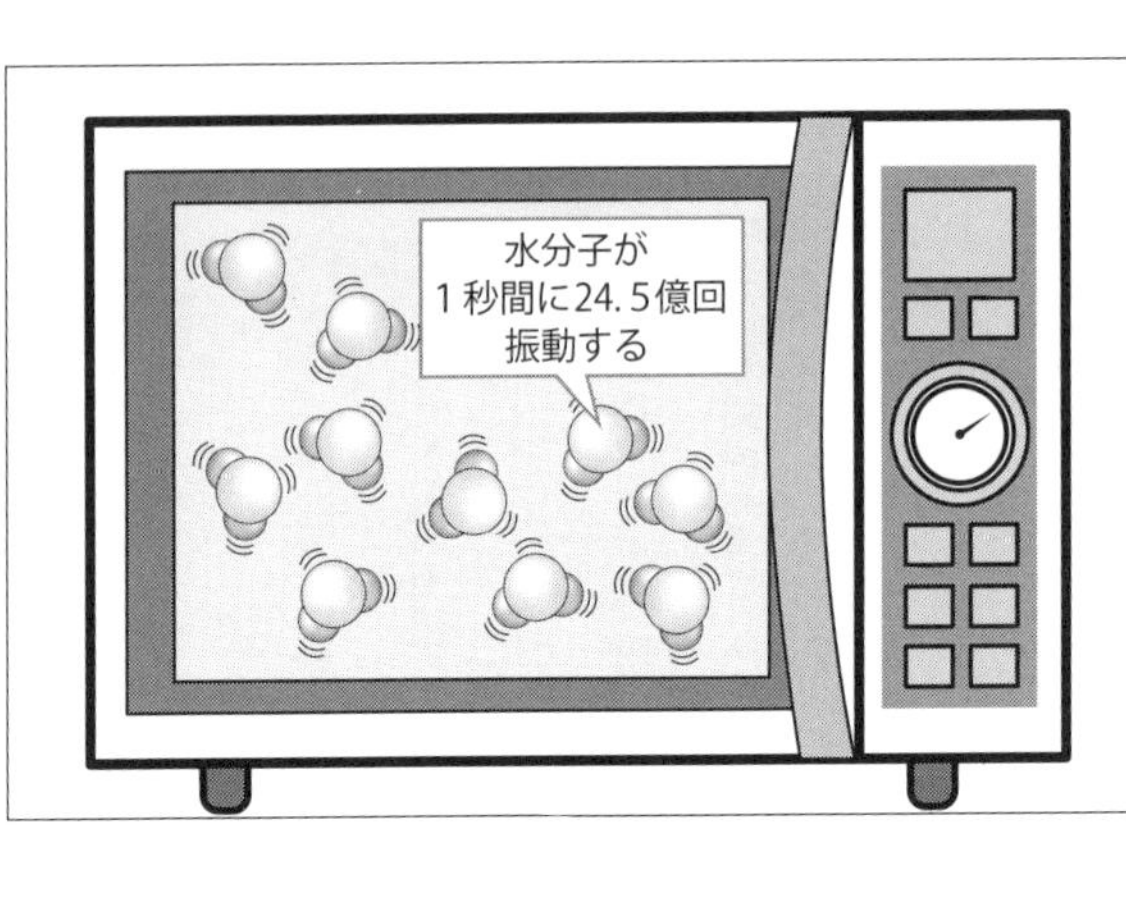

さて、電子レンジで発生する2・45ギガヘルツのマイクロ波によってものが温められるのはなぜでしょう?

それは、マイクロ波には**水分子H_2Oを振動させる働き**があるからです。

電磁波とは簡単に言えば電場と磁場の振動のことです。今回は、このうちの電場の振動が活躍します。

H_2Oには電気的なかたよりがあります。H_2Oの「H」の方がプラス、「O」の方がマイナスというように電気を持っているのです。そのため、H_2Oは電場から力を受けて、ブルブルと振動するのです。

このとき、水分子はマイクロ波と同じ2・45ギガヘルツ＝24・5億ヘルツという周波数で振動します。つまり、**1秒間に24・5億回も振動する**ということなのです！　目に見えないミクロの世界では、ものすごいことが起きているのだと分かりますね。

　このように物体に含まれる水分子が激しく振動することで、物体全体の温度が上がるのです。

　電子レンジで食品を温めているときに、目に見えない世界でこんなことが起こっているのだと想像してみるのも面白いかもしれませんね。

電磁力
No.8

電磁波を使えば身体の中をのぞける

電磁波は医療にも利用されています。ここでは代表的なものを2つ紹介します。

1つは、**MRI**という、体の内部や脳の内部の断層画像を見る装置です。MRIでは、**磁場と電波**を使って身体の中の水素原子核の向きをコントロールすることで、病変部分を見つけ出します。

まずは、身体に磁場をかけます。すると、左図のように身体の中にある水素原子核の自転の向きが揃います。次に、電波をかけます。このとき、水素原子核は先ほどとは別の向きに揃って自転するようになります。そして、電波を解除すると自転の向きが戻るのですが、このとき病変部分だけは元に戻らないのです。それを確認することで、病変を見つけることができるわけです。

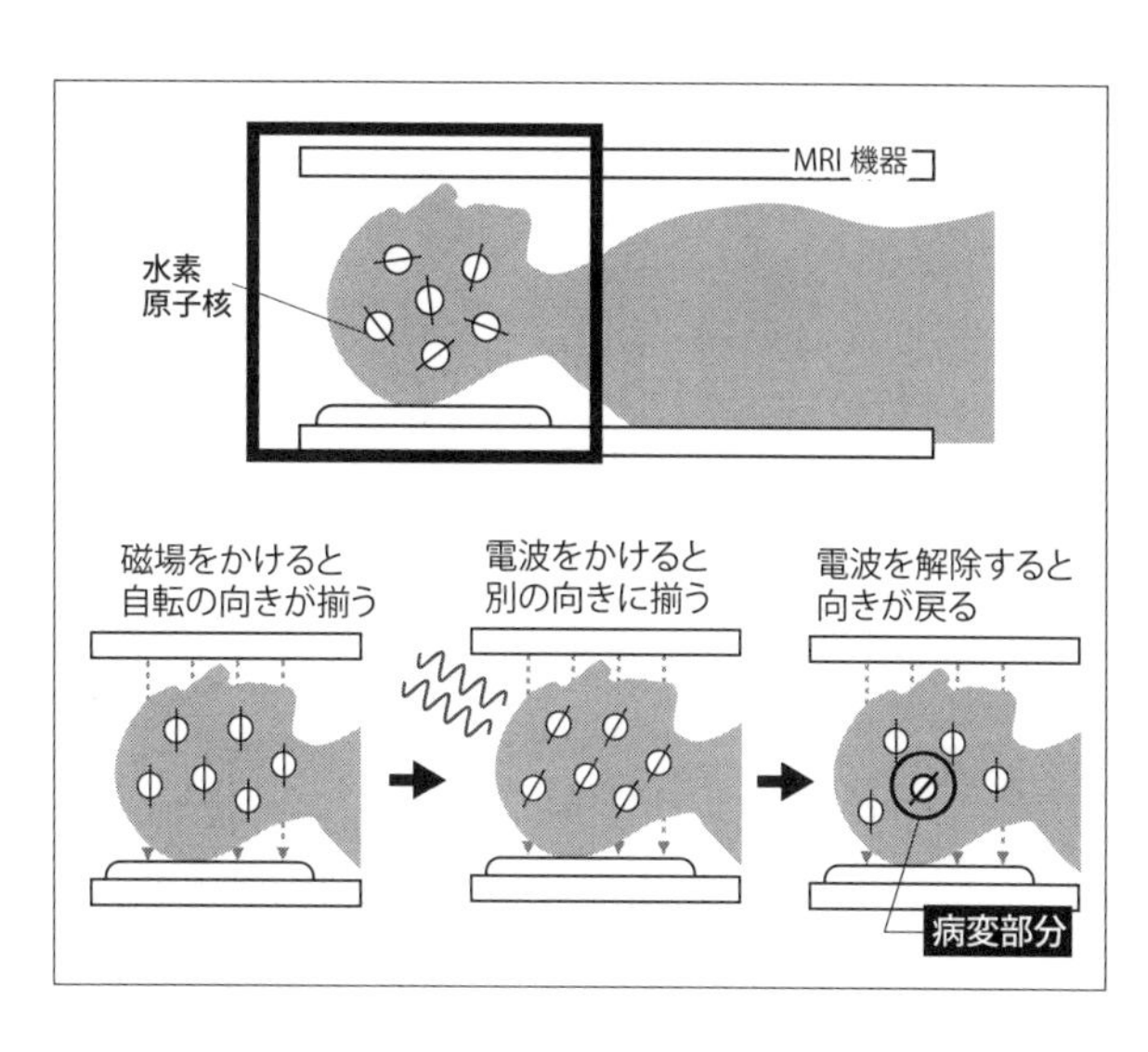

もう1つは、**レントゲン撮影**で使う**X線**です。

レントゲン撮影の仕組みは、次ページの図で説明できます。

X線は周波数が大きくエネルギーが大きいため、人体の大部分を透過します。しかし、骨ではX線が吸収されるため、骨のある部分はフィルムにX線が当たらなくなります。すると、その部分だけが黒くならず白く残ります。このようにして、骨の様子を映し出すことができるのです。

X線の透過しやすさの違いについては、次のように考えることができ

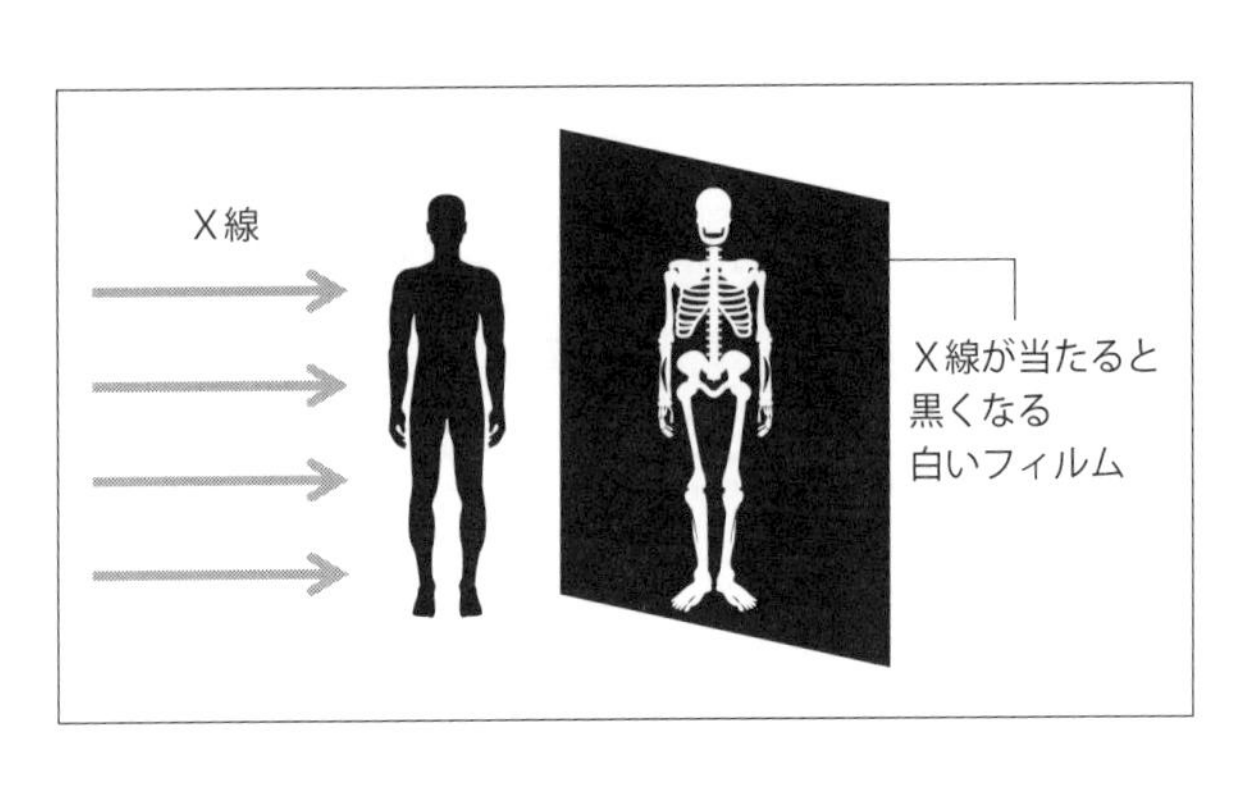

ます。

人体の主要部分は水素、炭素、窒素、酸素などの**小さい原子**でできているため、X線が通り抜けます。それに対して、骨や歯を形成しているのはカルシウムやリンなどのまあまあ大きい原子なので、X線があまり通り抜けません。

なお、レントゲン撮影時にはX線を浴びたくない部分に鉛の腰巻のようなものを巻きます。

また、レントゲン室やレントゲン車の壁も鉛でできています。これは、とても大きい鉛の原子がX線を防いでくれるからなのです。

X線は非常に周波数が大きいため、エネルギーが大きく、**浴びすぎれば人体に害を及ぼします**。だから、不必要にレントゲン撮影を行うことはありません。

なお、空港での荷物検査にもX線が使われています。この場合は、レントゲン撮影より弱いX線を照射します。荷物の中の物質の種類によってX線の透過量が異なることを利用して、中身を調べることができます。

税関で、コンテナなどに積まれた輸出入貨物を検査する際にも、X線を利用します。以前は貨物の全部を取り出してチェックしていたため、コンテナ１本あたり２時間ほどかかっていましたが、X線の利用により10分程度に短縮されました。

X線は、安全に使うととても役立つことが分かります。危険なものだからこそ、それをいかに使うかという知恵が大切になるのです。

電磁力
No.9

惑星探査機イカロスを加速する電磁波

ここまでは電磁波の性質を説明してきましたが、電磁波には物体を動かす力もあります。電磁波がある空間に、原子1個が置かれた状況で説明してみます。

原子の中には**電子**があります。電子はマイナスの電荷を持っていますので、電磁波によって生じる**「振動する電場」**から力を受けます。すると、原子の中で電子も振動するようになります。このとき、電子の振動方向は電場の向きと一致します。

電磁波は、振動する磁場も含みます。そのため、原子中の電子は振動する磁場からも力を受けることになります。運動する電子が磁場から受ける力は**ローレンツ力**と呼ばれ、左図の左のような向きになります。

ローレンツ力の向きは、電磁波の進行方向に一致します。つまり、電子は電磁波の進

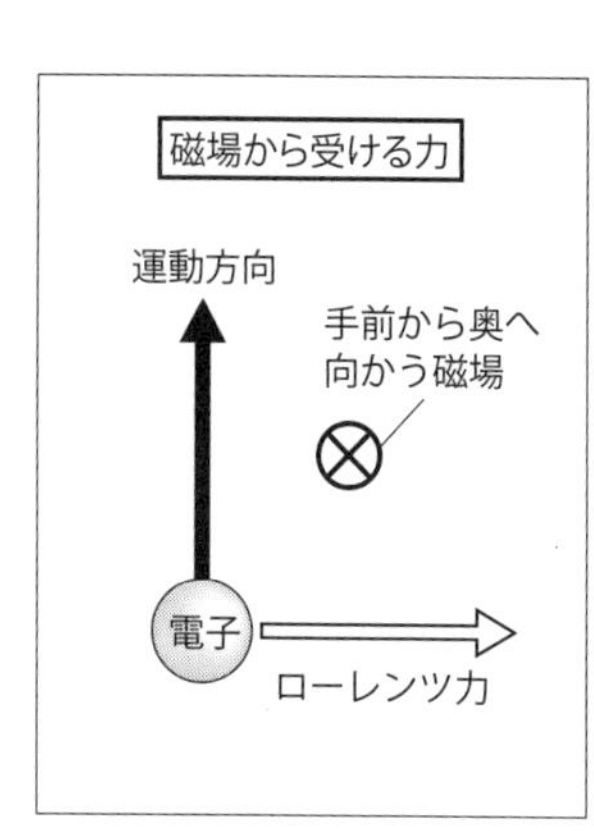

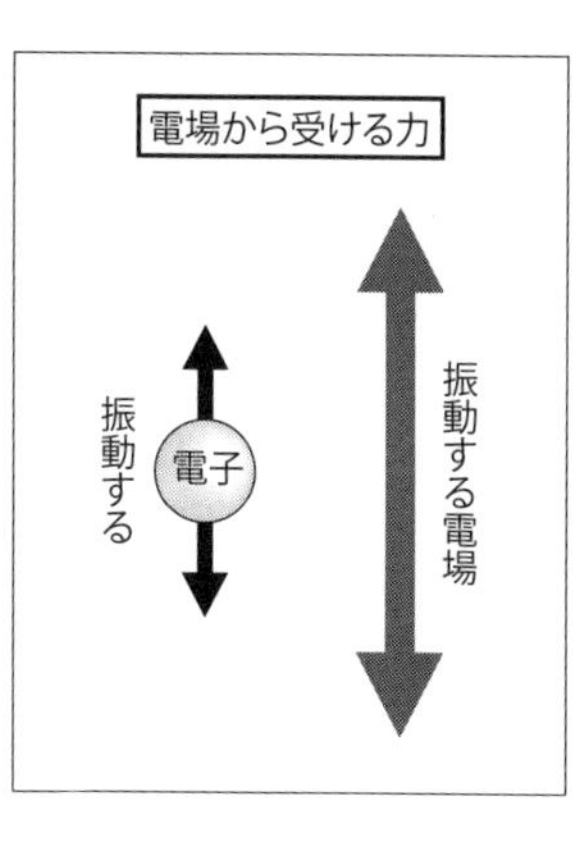

行方向に力を受けるので、原子がその向きに移動していくことになるのです。

　この原理は、２０１０年に日本で打ち上げられた惑星探査機イカロスに利用されています。

　イカロスは、14メートル四方の大きさの帆を持つ宇宙ヨットです。厚さはわずか7・5マイクロメートルですが、質量は３０８キログラムあります。

　イカロスを推進させる力は、**太陽光（＝電磁波）**だけです。電磁波による推進力だけで、宇宙空間を進んでいくのです。

　もちろん、電磁波による推進力は約1万分の1キログラム重とごくわずかです。３０８キログラムのイカロスに生ずる加速度は、1秒間に

惑星探査機イカロス
(©Andrzej Mirecki and licensed for reuse under Creative Commons Licence)

100万分の3・64メートル毎秒増えるという小ささですが、「塵(ちり)も積もれば山となる」で、1年後には秒速115メートル(時速414キロメートル)もの速さになるのです。

ここまでは、電磁波の推進力について、電磁波を波として考えて説明しました。

ただ、電磁波は波だけでなく**粒子としての性質**も持っていますので、この観点から考えると、イカロスに太陽から飛んでくる光の粒子が次々と衝突することで、イカロスは加速していくのだとも理解できます。

電磁波の性質はとても奥深いのです。だからこそ、その利用の仕方にもいろいろな可能性があることが分かります。

電磁力
No.10

電波によって地球外知的生命体を見つける日が来る？

広い宇宙のどこかには、われわれ地球上の人類以外にも知的生命体が存在するのだろう――これは、決して不自然な発想ではありません。しかし、たとえ存在したとしても交信するのはなかなか困難です。

現在、電波を利用して地球外知的生命体を探し出そうというプロジェクトが進行中なのをご存じですか？

じつは、以下に説明する壮大なプロジェクトが進行中なのです。いったい、電波をどのように利用しているのでしょう？

私たちは地球上で電波を使った通信をさかんに行っています。

もし、地球外に存在する生命体が我々と同じような知能を持っていたら、きっと同じように**電波を使った通信を行っているのではないだろうか**。このような予想や期待から、彼らが通信のために発した電波を地球上のアンテナで受信しようという試みがつづけられているのです。

しかし、この試みには2つの困難があります。

1つは、すでに地球上で電波通信がさかんに行われているため、その電波と区別する必要があるという点です。

この点をクリアするために地球外知的生命体探査では、周波数1420メガヘルツの電波を利用しています。

じつは、この周波数の電波は、宇宙空間にもっとも多く存在する水素のエネルギー状態変化によって放出されるので、天文観測に利用されています。そのため、地上の通信では発信が制限されているのです。よって、1420メガヘルツの電波であれば人間が発したものではないと確認できるのです。

もう1つは、太陽などの恒星が放射する電波と、**地球外知的生命体からの電波**を区別する必要があるという点です。

プエルトリコにあるアレシボ天文台にあるアンテナ。上部の小さな半円球のものが受信機。このような装置で電波を受信する。

　これは、特に強く受信される特定の周波数の電波を見つけることでクリアします。

　恒星が発する電波には幅広い周波数のものが混ざっているので、特定の周波数だけが強いということは、自然由来でなく何らかの存在により発信されたものだと考えられるからです。

　また、周期的に強さが変化するパルス波となっていれば、やはり自然由来ではなく地球外知的生命体からの信号である可能性が高まります。

　これらの点を考慮に入れて、先ほど述べたように1420メガヘルツ付近で観測を行っています。

受信した電波の解析には膨大な計算を必要とします。これを可能とするのがスーパーコンピューターですが、いろいろな研究で利用されているため、使用には限度がありま す。

そこで、1999年から「分散コンピューティング」というプロジェクトが進んでいます。これは、世界中の一般の人が所有するパソコンに計算を振り分けて行うという試みであり、現在世界中で約520万の人が参加しているそうです。パソコンを使用していない時間帯に計算するため、普段のパソコンの利用には影響せず、参加しやすいという利点があります。

この夢のあるプロジェクトによって、地球外の知的生命体の存在を知ることができる日がやってくるかもしれませんね。

あとがき

ここまでお読みいただき、ありがとうございました。
タイトルに「東大式」と入れることに、正直抵抗がありました。というのは、本書で紹介してきた話は、東大で学んだというよりも、私が物理教師として「どうすれば少しでも物理に関心を持ってもらえるか」という気持ちから高校生に提供してきた話題だからです。
しかし、「東大式」という言葉を入れた方が売れるから、という出版社の方の説得に屈してこのようなタイトルで出版するに至りました（笑）
でも、どんなきっかけであれ、1人でも多くの方に本書に触れていただけるなら、それが一番ありがたいことです。

そして、本書の中のどれか1つの話題でもきっかけになって、少しでも物理に興味を持っていただいたり、日常の現象の見方が変わるということがあれば、苦労して本書を書いた甲斐があるというものです。本書がそんなきっかけとなっていただければと切望しています。

最後に、出版の経験のない私を叱咤激励し、ここまで導いてくださった彩図社の柴田智美さんに感謝申し上げたいと思います。

三澤信也

【著者紹介】

三澤信也（みさわ　しんや）

長野県生まれ。東京大学教養学部基礎科学科卒業。長野県の中学、高校にて物理を中心に理科教育を行っている。

また、ホームページ「大学入試攻略の部屋」を運営し、物理・化学の無料動画などを提供している。

http://daigakunyuushikouryakunoheya.web.fc2.com/

東大式やさしい物理
なぜ赤信号は世界中で「止まれ」なのか？

2015年8月11日　第1刷
2019年7月26日　第4刷

著　者　三澤信也

発行人　山田有司

発行所　株式会社　彩図社（さいずしゃ）

〒170-0005　東京都豊島区南大塚3-24-4 MTビル
TEL:03-5985-8213
FAX:03-5985-8224

印刷所　新灯印刷株式会社

URL：http://www.saiz.co.jp
https://twitter.com/saiz_sha

 ISBN978-4-8013-0089-7 C0142